模具设计师成才系列

注塑模具设计基础

王 静 主 编
曹伟峰 王 鑫 副主编

电子工业出版社
Publishing House of Electronics Industry
北京·BEIJING

内 容 简 介

本书是"模具设计师成才系列"丛书的第一本,重点介绍注塑模具设计的知识、方法和技巧。本书的最大特色是精讲理论、偏重实战,有别于传统模具教材。学完本书后,对模具设计 2D 排位将不再陌生。本书内容直接服务于具体设计。

本书从头至尾,循序渐进地详细介绍注塑模具设计的各项细节及具体操作方法,内容包括模仁结构、分型面设计、模架结构、进胶系统设计、侧抽芯系统设计(滑块及行位)、顶出系统设计、冷却系统设计等,最后以一套模具实例来做总结。所讲内容翔实可靠、简明易懂。

本书不仅适合作为大、中专院校模具、材料加工、机械设计等专业的教材,而且可作为模具设计爱好者和初学者的自学用书,也可供国家模具设计师考证人员学习参考。

未经许可,不得以任何方式复制或抄袭本书之部分或全部内容。
版权所有,侵权必究。

图书在版编目(CIP)数据

注塑模具设计基础 / 王静主编. —北京:电子工业出版社,2013.1
(模具设计师成才系列)
ISBN 978-7-121-18886-2

Ⅰ. ①注⋯ Ⅱ. ①王⋯ Ⅲ. ①注塑-塑料模具-设计 Ⅳ. ①TQ320.66

中国版本图书馆 CIP 数据核字(2012)第 266238 号

策划编辑:许存权
责任编辑:许存权　　特约编辑:刘海霞　刘丽丽
印　　刷:北京七彩京通数码快印有限公司
装　　订:北京七彩京通数码快印有限公司
出版发行:电子工业出版社
　　　　　北京市海淀区万寿路 173 信箱　邮编 100036
开　　本:787×1 092　1/16　印张:12.5　字数:300 千字
版　　次:2013 年 1 月第 1 版
印　　次:2022 年 9 月第 20 次印刷
定　　价:33.00 元

凡所购买电子工业出版社图书有缺损问题,请向购买书店调换。若书店售缺,请与本社发行部联系,联系及邮购电话:(010)88254888,88258888。
质量投诉请发邮件至 zlts@phei.com.cn,盗版侵权举报请发邮件至 dbqq@phei.com.cn。
本书咨询联系方式:(010)88254484,xucq@phei.com.cn。

模具设计师学习流程图

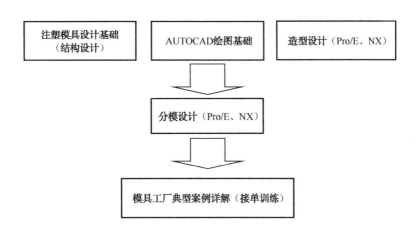

前　　言

本书是"模具设计师成才系列"丛书的第一本，是专门讲解注塑模具结构设计基础理论与方法的一本书。读者只有掌握了本书内容，才能为学习后续课程打下良好的基础。

学习此书的最低限度知识要求：
- 懂机械制图。因为书中有些图例，不懂机械图纸，将看不懂图。
- 了解必要的机加工知识。模具加工属于机加工，设计方法取自于工程实践，对机加工操作不熟悉，将难以理解书中所介绍的概念与方法，所以对车、铣、磨、电火花、线切割、数控铣等基本操作要有所了解。

在长期的教学和工程实践中，我们曾用过不少版本的模具设计教材，在受益于这些经典传统教材的同时，也深深为传统模具设计教材中出现的一些不足之处感到遗憾。

未来承担模具设计工作的大多是本、专科学生，也有不少是中专生，他们面临的的问题就是实实在在的模具设计，由于一些传统的模具设计教材太偏重理论性、学术性，而不重视实战操作，设计方法也没有具体化，这使得学生学过之后是"一头雾水"，动手设计时不知从何下手。理论探讨固然有益，然而如果过多过滥，把一些可能是研究生也未必能理清的内容去给这些学生，那未免有些不切实际。

另外，现今模具设计早已是采用计算机辅助设计的方式进行，模具 CAD/CAE/CAM 技术在业界使用已经很普遍，使用软件自动化分模已是每个模具设计师的必修技能，那种手工画图的方式已经是很遥远的事情了。模具设计教材必须要跟得上模具技术的发展，必须要反映现代模具生产情况，如果抱守残缺，沿袭惯有思维，必将落后于工程实际。

有感于此，在自己多年模具厂实际设计经验的基础上，参阅和借鉴了大量模具设计图纸资料，并根据长期的模具教学实践，按照科学的学习顺序，对各章内容做了精心的安排，编写了这本模具设计的入门书籍，以求抛砖引玉，促进模具设计教学的发展。

本书具有以下几个特点：
- 从零开始，循序渐进

本书是一本模具设计的入门书籍，力求具备基础条件的读者都能理解，我们从塑料产品开始讲起，然后按模具设计的顺序，一步步地细心讲解具体的设计方法。
- 图文并茂，简明扼要

本书的一大特色是配有大量的图片，并以简明的语言来叙述设计要点，对过深、过理论化的内容不予探讨，轻装前进，没有废话，一改传统教科书式的长篇大论 。
- 贴近实战，操作性强

本书的设计方法与技巧均是实际模具设计过程中所采用的，在编写过程中参考了诸多技术资料和图纸，具有很强的实用性。本书编写的目的是讲求实战，学完之后，就能够动手设计，能够解决空谈理论、不会设计的尴尬局面。

本书可作为高等院校机械类、材料工程类专业本科生及专科生的教材,也可作为模具设计从业人员的培训教材,还可供从事注塑模具设计与制造的技术人员使用。

本书编写过程中引用了一些同类图书的插图、实例和表述,在此对相关作者深表感谢。并在认知水平上,对所引内容进行了修改或补充。我们希望给读者奉献一本好书,尽管小心谨慎、反复检查,但由于水平有限,虽勉力为之,疏漏和不妥之处在所难免,请各位读者和同仁海涵并不吝赐教。我们的电子邮箱:528009396@qq.com

王　静

2012 年秋于郑州

目　录

第1章　概述 …………………………………………………………………………（1）
　1.1　引言 …………………………………………………………………………（2）
　1.2　模具的分类 …………………………………………………………………（2）
　1.3　模具设计的概述 ……………………………………………………………（5）
　　　1.3.1　模具生产流程 …………………………………………………………（5）
　　　1.3.2　学好模具设计的基本要求 ……………………………………………（12）
　思考题 ……………………………………………………………………………（14）

第2章　注塑成型 ………………………………………………………………………（15）
　2.1　塑料 …………………………………………………………………………（15）
　　　2.1.1　塑料简介 ………………………………………………………………（16）
　　　2.1.2　塑料的主要性能特点 …………………………………………………（17）
　　　2.1.3　塑料的分类 ……………………………………………………………（18）
　　　2.1.4　新型塑料材料 …………………………………………………………（18）
　　　2.1.5　常见塑料标识 …………………………………………………………（19）
　2.2　注塑机 ………………………………………………………………………（20）
　　　2.2.1　注塑机简介 ……………………………………………………………（20）
　　　2.2.2　注塑机与模具 …………………………………………………………（22）
　2.3　注塑成型 ……………………………………………………………………（24）
　2.4　注塑成型工艺条件 …………………………………………………………（26）
　思考题 ……………………………………………………………………………（28）

第3章　模架结构 ………………………………………………………………………（29）
　3.1　模具外观认识 ………………………………………………………………（29）
　3.2　标准模架 ……………………………………………………………………（30）
　3.3　典型模具结构3D图解 ………………………………………………………（34）
　　　3.3.1　动模部分拆分 …………………………………………………………（35）
　　　3.3.2　定模部分拆分 …………………………………………………………（37）
　3.4　模具结构2D图解 ……………………………………………………………（39）
　3.5　模仁 …………………………………………………………………………（40）
　　　3.5.1　模仁尺寸的确定 ………………………………………………………（40）
　　　3.5.2　模仁的固定 ……………………………………………………………（41）
　3.6　模架的选择 …………………………………………………………………（42）
　思考题 ……………………………………………………………………………（43）

第4章　分型面设计 ……………………………………………………………………（44）
　4.1　拔模 …………………………………………………………………………（44）

		4.1.1 拔模的必要性	(44)
		4.1.2 拔模角度的选取	(46)
	4.2	分型面	(47)
		4.2.1 分型面的位置	(47)
		4.2.2 分型面的选取原则	(48)
		4.2.3 模具定位设计	(50)
	4.3	镶件	(51)
		4.3.1 镶件的做法	(51)
		4.3.2 镶件的意义	(52)
		4.3.3 靠破、插破与枕位	(54)
		4.3.4 镶件的固定	(55)
	思考题		(56)

第 5 章 浇注系统设计 (58)
- 5.1 浇注系统的构成 (58)
- 5.2 主流道设计 (59)
- 5.3 分流道设计 (61)
  - 5.3.1 分流道的截面 (61)
  - 5.3.2 分流道的走向布置 (63)
- 5.4 冷料井设计 (64)
- 5.5 浇口设计 (65)
  - 5.5.1 直接式浇口 (65)
  - 5.5.2 侧浇口 (66)
  - 5.5.3 潜伏式浇口 (67)
- 5.6 浇口位置的确定 (69)
- 5.7 排气系统的设计 (71)
- 思考题 (71)

第 6 章 顶出系统设计 (72)
- 6.1 顶出过程 (72)
- 6.2 常用顶出结构 (74)
  - 6.2.1 顶针顶出 (74)
  - 6.2.2 顶板顶出 (77)
  - 6.2.3 司筒顶出 (78)
- 6.3 顶出行程的计算 (79)
- 6.4 复位机构 (81)
- 6.5 垃圾钉、中托司、支撑柱 (82)
- 思考题 (85)

第 7 章 侧抽芯系统设计 (86)
- 7.1 滑块的设计 (87)
  - 7.1.1 滑块动作原理 (87)

		7.1.2 滑块本体设计	(89)
		7.1.3 斜导柱设计	(91)
		7.1.4 锁紧块设计	(93)
		7.1.5 滑块压板设计	(95)
		7.1.6 滑块限位设计	(96)
		7.1.7 典型滑块图例	(98)
	7.2	斜顶的设计	(100)
		7.2.1 斜顶动作原理	(101)
		7.2.2 斜顶头部设计	(102)
		7.2.3 斜顶的避空	(105)
		7.2.4 斜顶的导向	(106)
		7.2.5 斜顶的连接方式	(108)
	7.3	先复位机构设计	(112)
	思考题		(114)
第8章	冷却系统设计		(115)
	8.1	常用冷却方式介绍	(116)
		8.1.1 直通式水路	(116)
		8.1.2 阶梯式水路	(118)
		8.1.3 隔板式水路	(119)
		8.1.4 盘旋式水路	(119)
	8.2	设计细节要点	(120)
	思考题		(122)
第9章	三板模设计		(123)
	9.1	两板模无法解决的问题	(123)
	9.2	三板模工作原理	(124)
	9.3	三板模标准模架	(128)
	9.4	浇注系统设计	(131)
	9.5	限位装置设计	(134)
		9.5.1 限位拉杆设计	(134)
		9.5.2 尼龙扣塞设计	(137)
	9.6	水口边钉导向长度的计算	(138)
	思考题		(139)
第10章	注塑模具实际案例		(140)
	10.1	模具图纸介绍	(140)
		10.1.1 产品图	(140)
		10.1.2 组立图	(141)
		10.1.3 散件图	(144)
		10.1.4 线割图	(145)
		10.1.5 冷却水路图	(147)

  10.2 设计案例 ……………………………………………………………………………… (147)
    10.2.1 产品分析 ……………………………………………………………………… (148)
    10.2.2 转图 …………………………………………………………………………… (148)
    10.2.3 制作产品图及加工图 ………………………………………………………… (149)
    10.2.4 镜像、放缩水（作排位所需用图） ………………………………………… (150)
    10.2.5 定内模料 ……………………………………………………………………… (150)
    10.2.6 调模架 ………………………………………………………………………… (151)
    10.2.7 完善组立图 …………………………………………………………………… (152)
    10.2.8 分模 …………………………………………………………………………… (156)
    10.2.9 散件图 ………………………………………………………………………… (157)
  10.3 小结 ……………………………………………………………………………… (162)
附录 A 常用模具标准件 ………………………………………………………………… (163)
附录 B 不同塑料所用钢材参考 …………………………………………………………… (169)
附录 C 常见制品缺陷及产生原因 ………………………………………………………… (170)
附录 D 最常用热塑性塑料的介绍 ………………………………………………………… (174)
附录 E 常用模具名称汇总 ………………………………………………………………… (175)
附录 F 我国模具发展现状及趋势 ………………………………………………………… (177)
附录 G 国外模具的现状和发展 …………………………………………………………… (182)
附录 H 模具设计师考题试卷 ……………………………………………………………… (184)
参考文献 ……………………………………………………………………………………… (189)
后记 …………………………………………………………………………………………… (190)

第1章 概　述

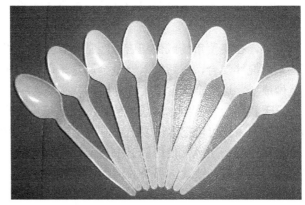
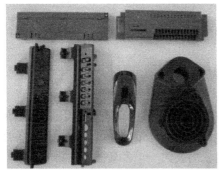

在我们日常工作和生活中，经常会碰到许多塑料制品，它们形态不一、五颜六色，功能多样，在不同环境中使用，能够满足于人们的各种需求。实际上除了生活日用品之外，塑料制品在农业生产、仪器仪表、医疗器械、食品工业、建筑器材、汽车工业、航空航天、国防工业等众多领域都得到了极为普遍的应用。

在农业方面，大量塑料被用来制造地膜、育秧薄膜、大棚膜、排灌管道、渔网和浮标等；在工业方面，传动齿轮、轴承、轴瓦及许多零部件都可以用塑料制品来代替金属制品；在化学工业方面，可以用塑料来做管道、容器等防腐设备；在建筑领域，门窗、楼梯扶手、地板砖、天花板、卫生洁具等，都可以用塑料制品。

在国防工业和尖端技术中，常规武器、飞机、舰艇、火箭、导弹、人造卫星、宇宙飞船等，都有以塑料为材料的零件。

在日用品方面，塑料制品更是不胜枚举：拖鞋、牙刷、香皂盒、儿童玩具、电视机、电风扇、洗衣机、电冰箱、空调器等。

那么所有这些塑料制品是通过什么制造出来的呢？

1.1 引言

初学者在开始学习这门课程之前，都会不由自主的提到这个问题。其实在我们的生活中就有很多模具。

例如，在集贸市场或蛋糕店，经常会看到有人做小蛋糕。原料：水、鸡蛋、面粉等，把这些东西搅拌混合，然后倒入一个金属盒子，合上盖子，加热一会，打开盖子，香喷喷的蛋糕就做成了，这个金属盒子就称为模具。

夏天我们经常冻些冰块或冰糕解渴，冰箱里通常会配有一个塑料盒子，把水倒入，冷冻到一定时间，就可以把冰块取出来，这个塑料盒子也称为模具。

稍微留意一下经常使用的钉书机，排列整齐的订书钉受压，在钉书机底板凹槽内折弯，就可以把纸张装订锁紧，那个凹槽也可称为模具。

……

模具是什么呢？

模具是用来成型制品的一个工具，它主要通过改变所成型材料的物理状态来实现外形的加工，这种工具由各种零件构成。

正是由于模具的存在，才使得大批量的复制生产商品成为可能，这极大提高了生产率，满足了现代社会对商品的巨大需求。

汽车行业需要大量的模具，汽车的心脏——发电机的缸体压铸到汽车车身冲压件，从新材料超强钢板热压成型模，到汽车核心零部件的国产化，都需要模具带动，可以说模具装备是汽车装备中的重要组成部分。例如，开发一个新轿车车型就需要约一千多套模具。新中国第一辆"东风"轿车，是我国第一汽车制造厂工人历时一年多手工敲制出来的。而现今一汽集团一天的产量就可以达到 570 多辆，几秒钟之内模具就可以生产出一个零件，从而使成本迅速下降，普通民众也能够买得起。如果没有模具工业强有力的支撑，汽车进入中国千万家庭的梦想是几乎不可能的。这巨大的差异，就是我国模具工业突飞猛进历程的真实反映。

模具号称工业之母，模具工业的技术水平几乎代表了加工制造业的最高水平！因此，世界各国均非常重视模具，大力发展模具工业。通常一个国家模具工业越先进，那么它的整个工业水平也就越先进！模具技术水平的高低已经成为衡量一个国家制造业水平高低的重要标志。我国要实现制造工业强国的梦想，模具必须先行。

1.2 模具的分类

因为各种产品的材质、外观、规格及用途的不同，对应的模具也就不同。模具有很多分类方法，按不同的分类方法，同一种模具归类就可能不一样。为便于读者了解，这里按产值比重来分类，可分为塑料模、冲压模等。

1. 塑料模

塑料模（图 1-1）用于塑料件成型，将颗粒状塑料原料加热后，由注射设备将熔融材料喷射入模具型腔成型，待产品冷却后再开模，由顶出设备将成品顶出。塑料模根据工艺不同，又分为注塑模、中空吹塑模、压塑模等，其中注塑模具以其产品最广泛，结构最复杂，在塑料模具中占据着重要地位，一枝独秀，发展极为迅速。所以有一种说法："一提模具，指的就是塑料模；而一提塑料模，指的就是注塑模！"。据称全球塑料模具产量中约半数以上是注塑模具。

图 1-1

2. 冲压模

冲压模（图 1-2）也称五金模、冷冲模具，是在室温下，利用安装在压力机上的模具对材料施加压力，使其产生分离或塑性变形，从而获得所需零件的一种压力加工方法。产品很广泛，全世界的钢材中，有 60%～70%是板材，其中大部分是经过冲压制成成品。汽车的车身、底盘、油箱、散热器片；锅炉的汽包、容器的壳体；电机、电器的铁芯硅钢片等都是冲压加工的。仪器仪表、家用电器、自行车、办公机械、生活器皿等产品中，也有大量冲压件。

图 1-2

3. 压铸模

压铸是一种利用高压强制将金属熔液压入形状复杂的金属模内的一种精密铸造法，待冷却凝固后再开模顶出。压铸模（图 1-3）与塑料模成型原理类似。但两者还是有很多区别：压铸模具适用于黑色金属及有色金属的精确成型，注塑模具适用于塑料件的成型；二者的使用温度有很大的差别，模具选材也完全不同；从结构上讲，前者相对简单一些，后者要复杂得多。

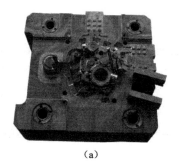 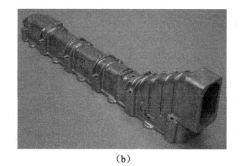

（a） （b）

图 1-3

4. 锻模

锻造是将金属坯料置于锻造模具内，利用锻压或锤击方式，使置于其中的胚料按设计的形状来成型。锻模如图 1-4 所示。

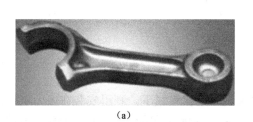 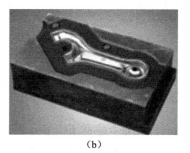

（a） （b）

图 1-4

5. 其他模具

除了前面介绍的金属模具及塑料模具之外，还有以玻璃、陶瓷等为成型材料的模具，如图 1-5 所示。

（a）红酒瓶玻璃模具 （b）陶瓷模具

图 1-5

以上对模具做了简单的分类，随着材料科学的不断发展及模具技术的日新月异，当今世界不断有新式模具在各领域诞生。此远非本书所能尽述，还望读者能够在工作实践中，不断学习，与时俱进。

1.3 模具设计的概述

模具工业是技术密集型产业，人才是行业发展的关键。随着我国模具工业的迅猛蓬勃发展，对技术人才需求量缺口很大。企业十分渴求专业扎实的技术人才，这主要包括模具设计与制造，工艺编制等的技术人员；也包括专业技术工人（高级蓝领），高级模具钳工、模具维修调试人员及加工中心编程、操作、维修人员。

人才的培养主要来源于高校各相关模具专业。所以高校是输送模具技术人才的重要基地。掌握模具设计，是对每一个模具专业学生毕业时的基本要求。然而事实表明：有不少学生在毕业时没有达到这种要求，直接表现在工作后无法胜任岗位技术工作。

在这里我们不再探究具体原因，仅从学习的角度来说，没有压力就没有动力，不深入实践，就无法切身体验该学习哪些知识。可是有些读者限于环境的制约，确实是无法身临其境的实践学习，所以对模具设计到底该怎样学、学些什么很是迷茫。

为帮助读者更好地理解，我们在谈怎样学好模具设计之前，简单介绍一下实际加工现场模具生产流程，使读者对模具生产所涉及的各个环节有所了解，这样才能更好地指导学习。

1.3.1 模具生产流程

目前来说，对于一个模具公司（厂）来说，从接到订单开始，直至模具交付客户，大致流程如图 1-6 所示。

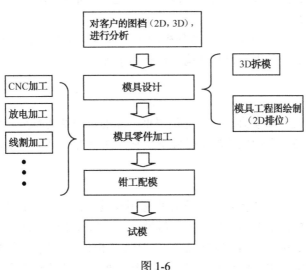

图 1-6

图 1-6 所示是模具生产的大致流程，需要说明的是不同的加工现场根据自身的情况可能略有些不同。正规大厂实力雄厚，设备先进，分工会更细；而"山寨"小厂、小作坊则分工不会很细，例如，只管设计、配模，涉及自己无法搞定的加工业务可能会托给外协，但大致都差不多，基本上就是这个流程。

下面我们对每个环节一一介绍。

1. 产品分析

模具厂接案例通常情况下有几种情况：一是客户给图纸，并无产品实物。这个图纸可能是二维（2D）图档，或者是三维（3D）图档（3D 数据文件），或者 2D 和 3D 图档都有；二是客户给产品实物，并没有图纸；第三种情况是既有图纸也有产品，如图 1-7 所示。

(a)

(b)

图 1-7

无论何种情况，一旦接单，那么就有模具厂来负责承包制作模具，设计任务就下发到设计人员那里。

设计人员在模具设计之前，首先要进行产品分析，即仔细研究产品，根据自身加工现场实际情况，看看需要做成什么结构的模具才合适。模具既要能够加工出来，又要保证质量，更需考虑其生产成本。所以在有些时候并不单纯地是个技术问题，往往需要和客户及主管充分交换意见方能对模具结构最终定型。

单纯从模具设计的角度来说，产品分析的主要内容包括产品需要出几腔、进胶如何设计、分型面怎么走、对应的大致模具结构是什么样子等。

2. 模具设计

产品分析完后，就开始模具设计。它是根据产品的不同结构特点，使用相关软件设计出对应的模具结构。在当今现代化的加工条件下，它具体指的是 3D 分模及 2D 排位，这是模具设计师的主要工作。

1）3D 分模

分模也称为拆模，如图 1-8 所示。它是指运用模具软件根据产品模型，把模具（毛坯）分开，从而得到组成模具型腔的零件（前、后模）。具体来说就是将产品的 3D 模型放缩水后，利用 3D 软件如 Pro/E、UG 等将产品拆分为动/定模仁、斜顶、滑块、镶件等。3D 拆模是整个模具设计过程中最重要的核心工作。只有经过拆模，才能将模具里面成型产品的动、定模仁等相关零件设计出来，才能为后续的零件加工提供数据文件。

3D 分模，并不仅仅是指软件操作。如果简单地认为掌握了分模就掌握了模具设计，那就错了。在很久以前，产品都很简单，计算机也不普及，通过简单的机床和人脑的计算就可以把模具做出来。随着产品的要求不断提高，产品的结构日趋复杂，通过人工计算和普通机床已经无法把模具做出来了。如牵扯到产品的各种复杂曲面部分，已经无法通过人工计算，机床摇数加工出来了，必须借助于数控加工才能够做出来。然而，采用数控加工，就要编制刀路程序，而要编制刀路程序，首先必须要有零件模型。这个零件模型，即是组成模具的 3D 零件，它就是通过计算机自动分模产生的。因此，对于当今模具加工来说，没有 3D 分模，设计加工模具简直是不可想象的。

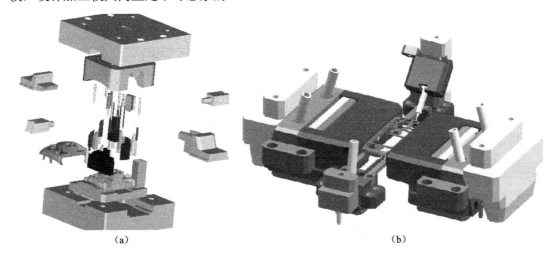

图 1-8

虽说 3D 分模是借助软件来自动完成的，但是软件不是万能的，它是不知道这里做什么结构，那里做什么结构的。软件仅仅是取代人脑进行数学计算，简化程序而已。你必须懂得模具设计知识，然后才能借助软件进行操作，来表达设计思路。不懂模具结构设计而去分模，分出的零件能不能加工、结构合理不合理都是不确定的。

时至今日，模具 CAD/CAE/CAM 技术已经在大大小小的模具厂得到了普及，设计模具零件，已经不需要大量的手工计算了，完全可以借助模具软件（Pro/E、UG 等）来设计。在校的学生必须要认识到这一点，努力掌握好这项技能，这样才能赶得上企业的需求。切莫做空头的模具设计理论家。

2）2D 排位

2D 排位主要是指绘制模具组立图（装配图）。当然这里也顺便包括绘制零件图、线割图、放电加工图等。图纸对模具加工非常重要，即使在数字化加工的条件下，对于多加工企业来说依然需要图纸。一般情况下设计人员在完成 3D 拆模后，就要绘制模具工程图，以供加工车间各工序加工师傅使用。清晰、完整、准确的模具工程图纸是十分有必要的，如图 1-9 所示。

2D 排位与 3D 分模一样，专业性很强，并不是 AutoCAD 会用了，就能画模具图了。这需要懂模具结构设计知识，并且要熟练使用模具设计工具软件，才能够画好。在具体排位时，有许多细节和画法是表达模具结构所特有的，需要不断实践才能掌握。

3. 模具零件加工

模具零件加工，即根据设计图纸将各个模具零件加工出来。这里面大致分为两种，一种是普通加工，包括车床、铣床、磨床、钻床等；一种是特种加工，包括线切割加工、电火花放电加工、数控加工中心加工等。具体采用何种加工方式,要根据待加工零件的特点、生产成本、交货期、精度要求等来定,并非越精密的设备就越好。在普通的模具企业,通常情况下车间里两种加工设备都会有。

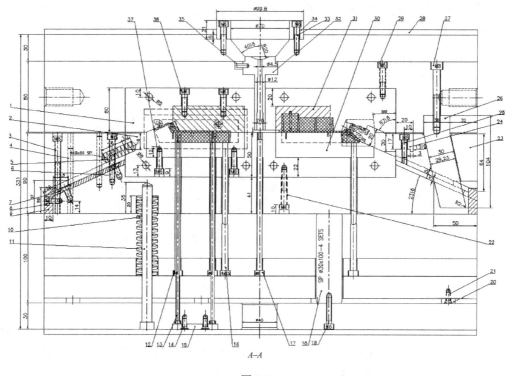

图 1-9

1) 普通加工

普通加工即普通车加工、普通铣加工、普通磨床、台钻、摇臂钻等,模具加工企业一般来说都离不开这些设备,它们对于一些简单的零件,加工起来十分快速方便。常见加工机床见表 1-1。

表 1-1

机床名称	说　明
铣床	铣床的加工范围很广,模具厂一般都必备。常用来加工各种面、槽,模板开粗及精光加工。普通铣床的常用刀具分为四大类:立式铣刀、飞刀、镗刀,钻咀。立式铣刀按形状可分为平底铣刀、球头铣刀、R 角铣刀。对于零件上面一些直角部位,铣床是加工不到的

续表

机床名称	说明
钻床	钻床是一种体积小巧，操作简便的小型孔加工机床。台式钻床钻孔直径一般在 13mm 以下，最大不超过 16mm。常用来加工要求不太高，公差允许很大的孔，其精度虽不高，但加工速度快，操作简单，非常易学
摇臂钻床	摇臂钻是钻床的一个分支，以横臂可以绕立柱旋转而得名。 常用来加工模具的冷却水道、吊环孔等
车床	车床是模具车间最常用、最普通的一种加工设备。其加工范围是所有回转体零件的加工。常用来加工模具中的圆形镶件、撑头、定位环等零件
大水磨床	大水磨床是模具加工的必备设备，常用于较大尺寸的模具零件精加工，例如，模板的基准面、滑块、锁紧块的基准面等。大水磨床有专门的冷却液来降温

机床名称	说　明
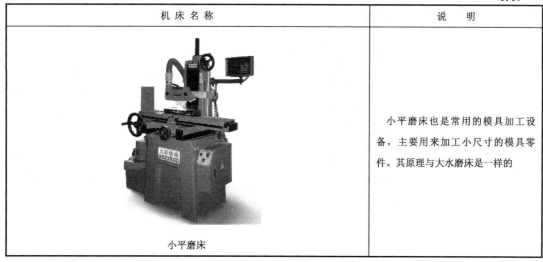 小平磨床	小平磨床也是常用的模具加工设备，主要用来加工小尺寸的模具零件。其原理与大水磨床是一样的

2）CNC 加工

传统的机械加工都是手工操作普通机床作业，加工时用手摇动机械刀具切削金属，用卡尺等工具测量产品精度，时至今日，这种普通的加工方式仍然在模具加工现场发挥着重要作用。随着计算机技术的飞速发展，现今的模具加工现场早已经使用计算机控制机床进行作业了。数控机床可以按照技术人员事先编好的程序自动对产品和零部件直接进行加工，这就是我们说的"数控加工"。"CNC"是英文 Computerized Numerical Control（计算机数字化控制）的缩写，它包括数控铣加工、数控车加工、数控电火花加工等。只不过，对模具加工来说，CNC 加工普遍是指数控铣加工，如数控加工中心等，如图 1-10 所示。

（a）　　　　　　　　　　　　（b）

图 1-10

3）放电加工

放电加工此处指的是电火花加工，如图 1-11 所示。它是利用浸在工作液中的两电极间的脉冲放电来蚀除导电材料的，英文简称 EDM。放电加工是模具加工中很典型的一种加工方法，特别适合用普通切削加工方法难以切削的材料和复杂形状工件。放电加工主要用于加工具有复杂形状的型孔和型腔的模具和零件；加工各种硬、脆材料，如硬质合金和淬火钢等；加工深细孔、异形孔、深槽、窄缝和切割薄片等；

第1章 概 述

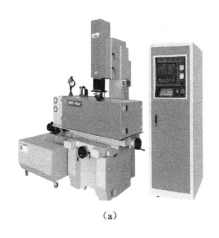 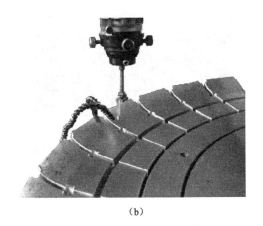

(a)　　　　　　　　　　　　　　(b)

图 1-11

4）线割加工

线割加工，英文简称 WEDM，有时又称线切割。如图 1-12 所示，其基本工作原理是利用连续移动的细金属丝（称为电极丝）作电极，对工件进行脉冲火花放电切割成型。

 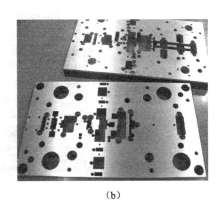

(a)　　　　　　　　　　　　　　(b)

图 1-12

它主要用于加工各种形状复杂和精密细小的工件，各种微细孔槽、窄缝、任意曲线等，具有加工余量小、加工精度高、生产周期短、制造成本低等突出优点，在模具加工生产中获得广泛的应用，一般模具车间必备此类加工设备。

4. 钳工配模

模具零件全部加工完毕后，就要由钳工师傅来装配模具，由于所有的机床加工都有误差，模具零件加工完后不一定能正好装配成功，这就需要非常耐心、细心的去装配。钳工丰富的配模经验在这显得无比重要，一个熟练的模具钳工老师傅堪比模具设计师，如图 1-13 所示。

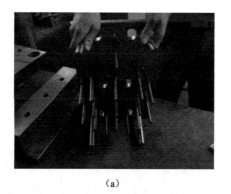

(a)   (b)

图 1-13

5. 试模

钳工配模后，在交付客户之前必须要试模。即将模具装在注塑机上打一些塑件，以检验模具是否存在问题。如出现问题，要仔细分析原因。通常来说，试模过程中会出现各种各样的问题，大部分会集中反映在产品质量上。究其原因，可能是模具设计的问题，或是成型工艺的问题，也可能是装配过程中出现的问题等。只有试制出合格的产品，给客户看后满意，此套模具才算合格，如图 1-14 所示。

图 1-14

1.3.2 学好模具设计的基本要求

前面我们介绍了模具的生产过程，从中可以看出模具设计是模具企业中重要的一个技术岗位，要想成为一名合格的模具设计师，需要具备哪些基本条件呢？

1. 基础理论

这方面包括机械制图、模具设计知识、塑料、注塑成型等知识。

不懂机械制图，就无法看图，无法了解零件结构，无法和别人交流技术，所以必须要懂得机械制图；模具设计结构知识很重要，各种典型的模具结构需要掌握了解，这是很专业的东西，这些搞懂后，才能面对各种复杂的产品；模具是为注塑成型生产服务的，设计师如果不懂成型原理，不了解产品成型中出现的质量问题，那么其本身模具设计水平也不会有多高。

2. 设计软件

当今模具设计及制造，均是采用数字化的方法进行，都是在计算机中完成的。必须熟练掌握相关的模具软件，三维的如 Pro/E、UG、Solidworks 等，二维的如 AutoCAD 等。要会利用这些软件进行模具设计，具体说就是要会造型、分模，熟练使用 CAD 绘制模图。这个环节没有学习掌握，那么一切都将是空谈。

3. 勇于实践，多看多练

空头的理论家谁都会做，但要想真正具备设计能力，必须要经过实践的锻炼。没有人天生就是设计师，每个人都要经历由不懂到懂，由懂得很少，到懂得很多这么一个过程。就是那些优秀的模具设计师，也依然能够清晰地记得自己设计的模具第一次付诸加工时的心情——激动、紧张与兴奋！盼望它试模成功，因为这将检验自己的真正水平。模具技术本就是一门工程技术，来自于工程实践，必将在工程实践中得到不断发展，新手只有反复地实践，才能逐步掌握模具设计的真功夫，也才能更加的得心应手。

许多初学模具的朋友，害怕下车间，不愿意到加工现场，嫌那些地方环境枯燥，无聊无趣，可事实上，只有懂得加工工艺，了解车间各机床的加工情况，才能够去合理地设计模具，否则设计出的模具零件，有可能根本就无法加工出来。

4. 切勿浮躁，勤奋谦虚

最后，要说一个态度问题，从事模具这一行要有一种不怕吃苦，踏实努力，谦虚谨慎的工作态度。

"水滴石穿，积水成渊"的道理大家都懂，"三天打渔，两天晒网"的寓意我们也都明白。它们至少都说明一个道理：一件事情的成功，需要踏踏实实，坚持努力的态度。

眼下有不少青年学子，初入模具这一行，热情很高，认为是技术活，薪酬不错。可他们刚毕业，没设计经验，怎能马上搞设计？于是被下车间锻炼，车间又苦又累，无聊枯燥，工资又不高，热情极容易受挫，往往干不长，就萌生跳槽之念。这并非是好事情，须知科班毕业，拿了大学文凭，只能表明你学过模具设计，而不代表你就会干好。下车间，了解加工工艺、配模工艺、成型工艺等，与车间师傅尽早交流沟通，对于设计模具大有裨益，即使将来从事管理工作，也会得心应手。从加工一线走出来的模具设计师往往底气十足，经验十足，更具有竞争力，也是模具管理人才的首选。有时候老板把你放车间，那是锻炼你，也是磨练你，让你更早成熟担大任。

所谓"人往高处走，水往低处流"，这固然没错，但如果这山望着那山高，感情用事，没有远见地频繁跳槽，那么于己不利，青春易逝，几年光景很容易浪费掉。

事实上，只要你具备乐观向上，勤奋踏实，谦虚好学的品行，即使不从事模具这一行，也肯定会在其他事业方面有所成就，在这里又何止一个小小的模具设计呢？

思 考 题

1. 简述模具生产的大致流程。
2. 模具设计的主要工作包括哪些？什么叫 2D 排位？什么叫 3D 分模？
3. 模具都有哪些分类？

第2章　注塑成型

从第1章了解到只有具备了模具才能够生产出制品,那么这个成型过程是怎样的呢?说起来很简单:将塑料熔化,然后"灌入"到模具型腔里面,待塑料凝固之后,打开模具,便得到了产品。

这个原理确实很简单,但实际运作起来却需要一系列的设备和工艺条件才能实施,这个过程我们可称为注塑成型。

在工程中也把注塑成型称为"打产品",一般来说,做模具和打产品都有独立的公司来经营,即模具公司(厂)做好模具之后,拉到塑胶公司(厂)或有注塑机的现场,由他们负责注塑出所需的产品。但也有不少公司不但具备模具设计制造能力,更具有注塑成型加工能力。

注塑成型是一门独立的专业,其诸多内容远非本章所能讲述。但对于初学模具设计的读者来说,了解一些注塑成型方面的知识是非常必要的。

本章将重点介绍三个方面内容:塑料、注塑机、注塑成型过程。

2.1　塑料

一提到塑料的特点,我们并不陌生。如图2-1所示,例如,塑料的东西拿上去比较轻,放到水里面会浮上来,当点着塑料糖纸或塑料包装纸后,它会燃烧并且熔化滴落,不大一会又凝固了,有时也会冒黑烟,并且发出刺鼻的气味……

(a)

(b)

图2-1

日常生活中塑料确实曾给我们留下这些印象，但从模具设计的角度讲，还需要更多的了解塑料本身的特点及其成型特性。例如，我们还需要明白塑料的类型、它的缩水特性、它的特性、它的流动性等。了解这些才能够更好的指导模具设计。

2.1.1　塑料简介

塑料是指以树脂为主要成分，以增塑剂、填充剂、润滑剂，着色剂等添加剂为辅助成分，在加工过程中能流动成型的材料，其中树脂是主体，而添加剂为辅助成分。

树脂通常是指受热后有软化或熔融范围，软化时在外力作用下有流动倾向，常温下是固态、半固态，有时也可以是液态的有机聚合物。

树脂有天然树脂和合成树脂之分。天然树脂是指由自然界中动植物分泌物所得的无定形有机物质，如松香、琥珀、虫胶等。合成树脂是指由简单有机物经化学合成或某些天然产物经化学反应而得到的树脂产物。

添加剂是指分散在塑料分子结构中，不会严重影响塑料的分子结构，而能改善其性质或降低成本的化学物质。添加剂的加入，能促使塑料改进基材的加工性、物理性、化学性等功能和增加基材的物理、化学特性。塑料除了极少一部分含 100%的树脂外，绝大多数的塑料，除了主要组成成分树脂外，都需要加入添加剂。常用的添加剂有填充剂、增塑剂、稳定剂、润滑剂、着色剂等。

1）填充剂

填充剂也称填料。它可以提高塑料的强度和耐热性能，并降低成本。填料可分为有机填料和无机填料两类，前者如木粉、碎布、纸张和各种织物纤维等，后者如玻璃纤维、硅藻土、石棉、炭黑等。

2）增塑剂

可增加塑料的可塑性和柔软性，降低脆性，使塑料易于加工成型。增塑剂一般是能与树脂混溶，无毒、无臭，对光、热稳定的高沸点有机化合物，最常用的是邻苯二甲酸酯类。例如生产聚氯乙烯塑料时，若加入较多的增塑剂便可得到软质聚氯乙烯塑料，若不加或少加增塑剂（用量<10%），则得硬质聚氯乙烯塑料。

3）稳定剂

为了防止合成树脂在加工和使用过程中受光和热的作用分解和破坏，延长使用寿命，要在塑料中加入稳定剂。常用的有硬脂酸盐、环氧树脂等。

4）着色剂

着色剂可使塑料具有各种鲜艳、美观的颜色。常用有机染料和无机颜料作为着色剂。

5）润滑剂

润滑剂的作用是防止塑料在成型时黏在金属模具上，同时可使塑料的表面光滑美观。常用的润滑剂有硬脂酸及其钙镁盐等。

6）抗氧剂

防止塑料在加热成型或在高温使用过程中受热氧化，而使塑料变黄、发裂等。

除了上述助剂外，塑料中还可加入阻燃剂、发泡剂、抗静电剂等，以满足不同的使用要求。

2.1.2 塑料的主要性能特点

1. 质量轻

塑料是较轻的材料，相对密度为 0.9～2.2。特别是发泡塑料，因为里面有微孔，质地更轻，相对密度仅为 0.01。这种特性使得塑料可用于要求减轻自重的产品中。

2. 优良的化学稳定性

绝大多数的塑料对酸、碱等化学物质都具有良好的抗腐蚀能力。特别是俗称为塑料王的聚四氟乙烯（F4），它的化学稳定性甚至胜过黄金，放在"王水"中煮十几个小时也不会变质。由于 F4 具有优异的化学稳定性，是理想的耐腐蚀材料。可以作为输送腐蚀性和黏性液体管道的材料。

3. 优异的电绝缘性能

普通塑料都是电的不良导体，其表面电阻、体积电阻很大，用数字表示可达 109～1018Ω击穿电压大，介质损耗角正切值很小。因此，塑料在电子工业和机械工业上有着广泛的应用。

4. 热的不良导体，具有消声、减振作用

一般来讲，塑料的导热性是比较低的，相当于钢的 1/225～1/75，泡沫塑料的微孔中含有气体，其隔热、隔音、防振性好的优点。如聚氯乙烯（PVC）的导热系数仅为钢材的 1/357，铝材的 1/1250。在隔热能力上，单玻塑窗比单玻铝窗高 40%。将塑料窗体与中空玻璃结合起来后，在住宅、写字楼、病房、宾馆中使用，冬天节省暖气、夏季节约空调开支，好处十分明显。

5. 机械强度分布广和较高的强度比

有的塑料坚硬如石头、钢材，有的柔软如纸张、皮革；从塑料的硬度、抗张强度、延伸率和抗冲击强度等力学性能看，分布范围广，有很大的选择余地。

与其他材料相比，塑料也存在着明显的缺点。

（1）回收利用废弃塑料时，分类十分困难，而且经济上不合算。

（2）塑料容易燃烧，燃烧时产生有毒气体。例如，聚苯乙烯燃烧时产生甲苯，这种物质少量会导致失明，吸入有呕吐等症状，PVC 燃烧也会产生氯化氢有毒气体，除了燃烧，就是高温环境，会导致塑料分解出有毒成分，如苯环等。

（3）塑料是由石油炼制的产品制成的，石油资源是有限的。

（4）塑料无法被自然降解。塑料无法自然降解，造成了严重的环境污染。塑料垃圾充斥于我们生活的环境中，触目惊心。如人们为了生活方便，大量使用塑料袋购物，结果是白色塑料袋到处飘飞，由于无法自然降解，即使埋藏在地底下，几百年、几千年甚至几万年也不会腐烂。严重污染土壤；而焚烧所产生的有害烟尘和有毒气体，同样会造成对大气环境的污染。

（5）塑料的耐热性能等较差，易于老化。

2.1.3 塑料的分类

塑料的分类方法比较多，在此仅介绍两种分类方法。一是根据塑料受热后的性质不同分为热塑性塑料和热固性塑料。

1. 热塑性塑料

热塑性塑料是加热后软化以至流动，冷却后硬化，再加热后又会软化流动的塑料，即运用加热及冷却，可以不断地在固态和液态之间发生可逆的物理变化的塑料。

我们日常生活中使用的大部分塑料都属于这个范畴。因为此种塑料可以回收再次利用，所以注射模具多用此种塑料成型产品。

主要的热塑性塑料包括：聚乙烯（PE）、聚丙烯（PP）、聚苯乙烯（PS）、聚甲基丙烯酸甲酯（PMMA，俗称有机玻璃）、聚氯乙烯（PVC）、尼龙（Nylon）、聚碳酸酯（PC）、聚氨酯（PU）、丙烯腈-丁二烯-苯乙烯（ABS）、聚酰胺（PA）。

2. 热固性塑料

热固性塑料第一次加热时可以软化流动，加热到一定温度，产生化学反应——交链固化而变硬，这种变化是不可逆的，此后，再次加热时，已不能再变软流动了。正是借助这种特性进行成型加工，利用第一次加热时的塑化流动，在压力下充满型腔，进而固化成为确定形状和尺寸的制品。热固性塑料多用于隔热、耐磨、绝缘、耐高压电等恶劣环境中，例如炒锅把手和高低压电器等。

主要的热固性塑料包括：酚醛树脂（PF）、脲醛树脂（UF）、三聚氰胺树脂（MF）、不饱和聚酯树脂（UF）、环氧树脂（EP）、有机硅树脂（SI）、聚氨酯（PU）等。

根据塑料用途的不同，又可以分为通用塑料、工程塑料、特种塑料。

通用塑料是指产量大、价格低、应用范围广的塑料，主要包括：聚烯烃、聚氯乙烯、聚苯乙烯、酚醛塑料和氨基塑料五大品种。人们日常生活中使用的许多制品都是由这些通用塑料制成。

工程塑料是可作为工程结构材料和代替金属制造机器零部件等的塑料。例如，聚酰胺、聚碳酸酯、聚甲醛、ABS 树脂、聚酰亚胺等。工程塑料具有密度小、化学稳定性高、机械性能良好、电绝缘性优越、加工成型容易等特点，广泛应用于汽车、电器、化工、机械等方面。

特种塑料是指具有特种功能，可用于航空、航天等特殊应用领域的塑料。如氟塑料和有机硅具有突出的耐高温、自润滑等特殊功用，增强塑料和泡沫塑料具有高强度、高缓冲性等特殊性能，这些塑料都属于特种塑料的范畴。

2.1.4 新型塑料材料

塑料技术的发展日新月异，一些新型的塑料材料不断涌现，下面介绍几个塑料材料的最新研究成果。

1. 可变色塑料薄膜

英国南安普照敦大学和德国达姆施塔特塑料研究所共同开发出一种可变色塑料薄膜。这种薄膜把天然光学效果和人造光学效果结合在一起，实际上是让物体精确改变颜色的一种新途径。这种可变色塑料薄膜为塑料蛋白石薄膜，是由在 3D 起来的塑料小球组成的，在塑料小球中间还包含微小的碳纳米粒子，因此，光不只是在塑料小球和周围物质之间的边缘区反射，而且也在填在这些塑料小球之间的碳纳米粒子表面反射。这就大大加深了薄膜的颜色。只要控制塑料小球的体积，就能产生只散射某些光谱频率的光物质。

2. 塑料血液

英国谢菲尔德大学的研究人员开发出一种人造"塑料血"，外形就像浓稠的糨糊，只要将其溶于水后就可以给病人输血，可作为急救过程中的血液替代品。这种新型人造血由塑料分子构成，一块人造血中有数百万个塑料分子，这些分子的大小和形状都与血红蛋白分子类似，还可携带铁原子，像血红蛋白那样把氧输送到全身。由于制造原料是塑料，因此，这种人造血轻便易带，不需要冷藏保存，使用有效期长、工作效率比真正的人造血还高，而且造价较低。

3. 新型防弹塑料

墨西哥的一个科研小组最近研制出一种新型防弹塑料，它可用来制作防弹玻璃和防弹服，质量只有传统材料的 1/7～1/5。这是一种经过特殊加工的塑料物质，与正常结构的塑料相比，具有超强的防弹性。试验表明，这种新型塑料可以抵御直径为 22mm 的子弹。通常的防弹材料在被子弹击中后会出现受损变形，无法继续使用。这种新型材料受到子弹冲击后，虽然暂时也会变形，但很快就会恢复原状并可继续使用。此外，这种新材料可以将子弹的冲击力平均分配，从而减少对人体的伤害。

4. 可降低汽车噪声的塑料

美国聚合物集团公司（PGI）采用可再生的聚丙烯和聚对苯二甲酸乙二醇酯制造成一种新型基础材料，应用于可模塑汽车零部件，可降低噪声。该种材料主要应用于车身和轮舱衬垫，产生一个屏障层，能吸收汽车车厢内的声音并且减少噪声，减少幅度为 25%～30%，PGI 公司开发了一种特殊的一步法生产工艺，将再生材料和没有经过处理的材料有机结合在一起，通过层叠法和针刺法使得两种材料成为一个整体。

2.1.5 常见塑料标识

在饮料瓶底部或其他塑器皿底部，都有一个数字（它是一个带箭头的三角形，三角形里面有一个数字），标识代表了不同的意义。市场上塑料充斥于饮品包装及食品包装，有很多人对其毒性认识不够，或根本不清楚，现归类如下，以供学习，如表 2-1 所示。

表 2-1

标 识	说 明
①	PET 聚对苯二甲酸乙二醇脂，常见矿泉水瓶、碳酸饮料瓶，耐热温度为 70°，只适合装暖饮或冻饮，装高温液体或加热则易变形，有对人体有害的物质融出。研究发现，1 号塑料品用了 10 个月后，可能释放出致癌物 DEHP，对睾丸具有毒性。因此，饮料瓶等用完了就丢掉，不要再用来做为水杯或者用来做储物容器盛装其他物品，不能放在汽车内晒太阳，不要装酒、油等物质
②	HDPE 高密度聚乙烯，常见白色药瓶，清洁用品，沐浴用品，不要再用来作为水杯，或者用来做储物容器。这些容器通常无法彻底清洗，所以不要循环使用
③	PVC 聚氯乙烯，常见雨衣、建材、塑料膜、塑料盒等。可塑性优良，价钱便宜，故使用普遍。目前很少用于食品包装，最好不要购买使用。这种材质高温时容易有有害物质产生，甚至连制造的过程中它都会释放，有毒物随食物进入人体后，可能引起乳癌、新生儿先天缺陷等疾病。若装饮品不要购买
④	LDPE 低密度聚乙烯，常见保鲜膜、塑料膜ხ。高温时产生有害物质，有毒物随食物进入人体后，可能引起乳腺癌、新生儿先天缺陷等疾病。保鲜膜别进微波炉
⑤	PP 聚丙烯，常见豆浆瓶、优酪乳瓶、果汁饮料瓶、微波炉餐盒等。熔点高达 167℃，是唯一可以放进微波炉的塑料盒，可在小心清洁后重复使用。需要注意：有些微波炉餐盒，盒体以 5 号 PP 制造，但盒盖却以 1 号 PE 制造。由于 PE 不能抵受高温，故不能与盒体一并放进微波炉
⑥	PS 聚苯乙烯，常见碗装泡面盒、快餐盒。不能放进微波炉中，以免因温度过高而释出化学物。装酸（如柳橙汁）、碱性物质后，会分解出致癌物质。避免用快餐盒打包滚烫的食物。别用微波炉煮碗装方便面
⑦	PC 其他类，常见水壶、太空杯、奶瓶。超市常用这样材质的水杯当赠品。很容易释放出有毒的物质双酚 A，对人体有害。使用时不要加热，不要在阳光下直晒

2.2 注塑机

2.2.1 注塑机简介

要生产出产品，需首先把塑料熔化，然后再把塑胶"灌入"到模具型腔中，这一系列操作需要专门的机器来完成，这个专门的机器就称为注塑机。

注塑机的工作原理与打针用的注射器有点相似，它是一种专用的塑料成型机械，它利用塑料的热塑性，经加热融化后，加以高的压力使其快速流入模具型腔内部，经一段时间的保压和冷却，成为各种形状的塑料制品。

注塑机的分类方法很多，按塑化方式分为柱塞式注塑机和螺杆式注塑机；按合模方式分为机械式、液压式、液压—机械式；按合模部件与注射部件配置的型式又可分为卧式、立式、角式等。

此处重点介绍一下工程中常用的卧式螺杆式注塑机，如图 2-2 所示。

图 2-2

注塑机通常由注射系统、合模系统、液压传动系统、电气控制系统、润滑系统、加热及冷却系统、安全监测系统等组成。

1. 注射系统

注射系统是注塑机最主要的组成部分之一，它能够使塑料在螺杆的旋转推进下均匀塑化，在高压下快速注入模具。注射系统包括加料装置、料筒、螺杆、喷嘴、加压和驱动装置等，如图 2-3 所示。

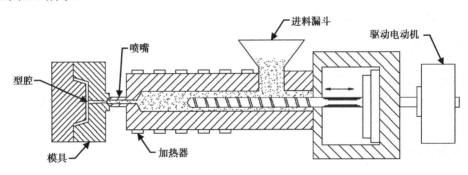

图 2-3

（1）螺杆　螺杆在料筒内旋转时，首先将来自料筒的塑料卷入料筒，并逐步将其向前推送、压实、排气和塑化，随后塑料熔体就不断地被推到螺杆顶部与喷嘴之间，而螺杆本身则因受熔体的压力而缓慢后移。当积存的熔体达到一次注塑量时，螺杆停止转动，注塑时，螺杆传递液压或机械力使熔体注入模具。

（2）料斗　是注塑机的加料装置，根据注塑机的不同还配有自动上料装置或者加热装置。

（3）料筒　是为塑料加热和加压的容器，要求具有耐压、耐热、耐疲劳、抗腐蚀、传热性好等特点。料筒外部一般都配有加热装置可以实现分段加热和控制。

（4）喷嘴　是连接料筒和模具的过渡部分，注塑时，料筒内的熔体在螺杆作用下，高压快速流经喷嘴注入模具。

2. 合模系统

合模系统的作用是保证模具闭合、开启及顶出制品。同时在模具闭合后，给予模具足够的锁模力，以抵抗熔融塑料进入模腔产生的模腔压力，防止模具开缝，造成制品的不良现象。合模系统主要由合模装置、调模机构、顶出机构、前后固定模板、移动模板、合模油缸和安全保护机构组成。

3. 液压系统

液压传动系统的作用是实现注塑机按工艺过程所要求的各种动作提供动力，并满足注塑机各部分所需压力、速度、温度等的要求。它主要由各种液压元件和液压辅助元件所组成，其中油泵和电机是注塑机的动力来源。各种阀控制油液压力和流量，从而满足注射成型工艺的各项要求。

4. 电气控制系统

电气控制系统与液压系统合理配合，可实现注塑机的工艺过程要求（压力、温度、速度、时间）和各种程序动作，主要由电器、电子元件、仪表、加热器、传感器等组成。

5. 加热冷却系统

加热系统是用来加热料筒及注射喷嘴的，注塑机料筒一般采用电热圈作为加热装置，安装在料筒的外部，并用热电偶分段检测，热量通过筒壁导热为物料塑化提供热源；冷却系统主要是用来冷却油温，油温过高会引起多种故障出现，所以油温必须加以控制。另一处需要冷却的位置在料管下料口附近，防止原料在下料口熔化，导致原料不能正常下料。

6. 润滑系统

润滑系统是注塑机的动模板、调模装置、连杆机铰等处有相对运动的部位提供润滑条件的回路，以便减少能耗和提高零件寿命，润滑可以是定期的手动润滑，也可以是自动电动润滑。

7. 安全监测系统

注塑机的安全装置主要是用来保护人、机安全的装置。主要由安全门、液压阀、限位开关、光电检测元件等组成，实现电气→机械→液压的连锁保护。监测系统主要对注塑机的油温、料温、系统超载，以及工艺和设备故障进行监测，发现异常情况进行指示或报警。

2.2.2 注塑机与模具

注塑机上面有两个模板，一块不动，称为定模板；另一块可以移动，称为动模板。模具就分别通过螺钉和压板固定在这两块模板上。开模时，注塑机的动模板移动，从而带动把模具打开，如图2-4所示。

模具制造完毕，就要进行注塑成型，上注塑机，开始打产品。然而注塑机的型号很多，每种注塑机都有其自己的参数。设计的模具必需要能满足客户提供的注塑机型号要求，否则将无法生产。

注塑机的设计参数很多，下面重点谈一下与模具有关的几种参数，希望读者具体设计模具时注意。

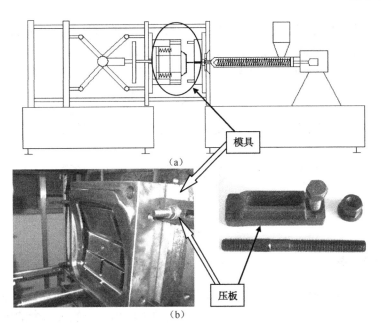

图 2-4

1. 注塑量

注塑量是注塑机在生产时一次能射出熔胶的最大质量值（或容积值），代表了此种型号注塑机的最大注塑能力。设计的模具一模所用的熔胶量必须要小于注塑机的注塑量。否则，产品打不满，无法进行生产。

2. 锁模力

锁模力是注塑机在模具闭合时对模板的压紧力。被成型制品在成型时所需要的锁模力必须小于所选注塑机的额定锁模力。否则，熔胶容易从分型面处跑胶，产生毛边。

3. 拉杆间距

在注塑机定模板和动模板四角有四根拉杆，它们的作用是为了保证注塑机有足够的强度和刚度，同时负责滑动模板。但它往往会限制模具的外形尺寸，因为模具安装时是从拉杆中间吊装进去的，如图 2-5 所示。

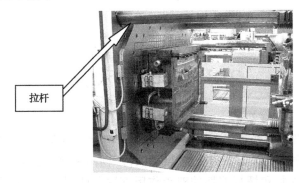

图 2-5

模具外形的尺寸不能同时大于它们对应的拉杆间距,如图 2-6(a)所示;如果模具的长度尺寸有一个超过了拉杆间距,则看看模具能否通过旋转吊入拉杆空间,如图 2-6(b)所示。如果旋转吊入也无法进行,那么只能更改模具尺寸,或者更换注塑机。

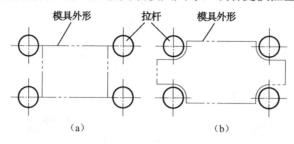

图 2-6

4. 喷嘴尺寸校核

注塑机喷嘴头一般为球面,在选择浇口套的时候,应使浇口套的球面半径与喷嘴球面半径吻合。为防止高压熔体从喷嘴与浇口套的接触间隙处溢出,一般浇口套的球半径 R 应比喷嘴球半径 r 大 2~5mm,同时主流道小端尺寸也应比喷嘴孔尺寸稍大,这样可使喷嘴与浇口套对位容易(图 2-7),即

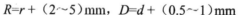

$$R=r+(2\sim 5)\text{mm},\ D=d+(0.5\sim 1)\text{mm}$$

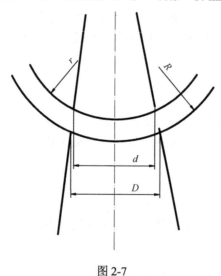

图 2-7

2.3 注塑成型

注塑成型是利用塑料的热物理性质,把物料从料斗加入料筒中,料筒外由加热圈加热,在料筒内装有外动力电动机作用下驱动旋转的螺杆,物料在螺杆的作用下,沿着螺槽向前输送并压实,物料在外加热和螺杆剪切的双重作用下逐渐地塑化、熔融和均化。当螺杆旋转

时,物料在螺槽摩擦力及剪切力的作用下,把已熔融的物料推到螺杆的头部,与此同时,螺杆在物料的反作用下后退,使螺杆头部形成储料空间,完成塑化过程。然后螺杆在注射油缸的活塞推力的作用下,以高速、高压,将储料室内的熔融料通过喷嘴注射到模具的型腔中,型腔中的熔料经过保压、冷却、固化定型后,模具在合模机构的作用下,开启模具,并通过顶出装置把定型好的制品从模具中顶出。

这个过程可大致分为填充、保压、冷却、开模、制品取出、合模等几个连续的步骤,这些步骤周而复始,从而形成了一个完整的生产周期。

1. 填充

在液压缸或机械力作用下,注塑机螺杆推动熔体通过喷嘴注入模具。填充是整个注塑循环过程中的第一步,时间从模具闭合开始注塑算起,到模具型腔填充到大约 95%为止,如图 2-8 所示。

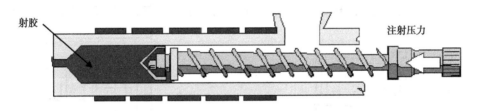

图 2-8

2. 保压

熔融塑料充满模腔后,会冷却收缩,为弥补收缩,使得制品密度提高,螺杆尚需继续对熔体继续保持一定的压力,使得熔体被继续挤压注入模具型腔,如图 2-9 所示。

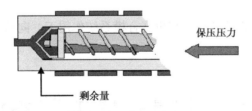

图 2-9

3. 冷却

冷却对注塑成型意义重大,这是因为成型塑料制品只有冷却固化到一定刚性,脱模后才能避免塑料制品因受到外力而产生变形。由于冷却时间占整个成型周期的 70%~80%,因此,设计良好的冷却系统可以大幅缩短成型时间,提高生产率,降低成本。设计不当的冷却系统会使成型时间拉长,增加成本,甚至冷却不均匀更会进一步造成塑料制品的翘曲变形,如图 2-10 所示。

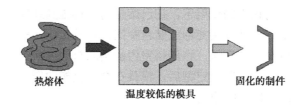

图 2-10

4. 开模

制品冷却定型后，注塑机的合模装置带动模具动模部分与定模部分分离，如图 2-11 所示。

5. 制品取出

注塑机的顶出机构顶出塑件，通过人力或机械手取出塑件和浇注系统冷凝料等。脱模方式不当，可能会导致产品在脱模时受力不均，顶出时引起产品变形等缺陷，如图 2-12 所示。

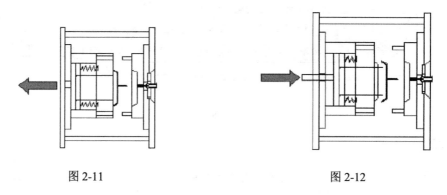

图 2-11　　　　　　　　　　图 2-12

6. 合模

顶出产品后，模具动模部分在注塑机开合模系统作用下，向前移动与定模部分合拢，等待下一次充模。

2.4　注塑成型工艺条件

注塑成型的工艺条件主要包括温度，压力和时间等。

1. 温度

注塑成型过程中的温度主要有熔料温度和模具温度。熔料温度影响塑化和注塑充模，模具温度影响充模和冷却定型。

熔料温度指塑化树脂的温度和从喷嘴射出的熔体温度，前者称为塑化温度，后者称为熔体温度，由此看来，熔料温度取决于料筒和喷嘴两部分的温度。熔料温度的高低决定熔体流动性能的好坏。熔料温度高，熔体的黏度小，流动性能好，需要的注塑压力小，成型后的制件表面光洁度好，出现熔接痕、缺料的可能性就小。反之，熔料温度低，就会降低熔体的流动性能，会引起表面光洁度低、缺料、熔接痕明显等缺陷。但是熔料温度过高会引起材料热降解，导致材料物理和化学性能降低。

模具温度是指和制件接触的模腔表面温度。模具温度直接影响熔体的充模流动行为、制件的冷却速度和制件最终质量。提高模具温度可以改善熔体在模腔内的流动性，增强制件的密度和结晶度以及减少充模压力和制件中的压力。但是，提高模具温度会增加制件的冷却时间、增大制件收缩率和脱模后的翘曲，制件成型周期也会因为冷却时间的增加而变长，降低了生产效率。降低模具温度，虽然能够缩短冷却时间、提高生产率，但是，会降低熔体在模腔内的流动能力，并导致制件产生较大的内应力或者形成明显的熔接痕等制件缺陷。

2. 压力

注塑成型过程的压力主要包括注塑压力、保压压力和背压。

注塑压力是指螺杆或者柱塞沿轴向前移时，其头部向塑料熔体施加的压力。它主要用于克服熔体在成型过程中的流动阻力，还对熔体起一定程度的压实作用。注塑压力对熔体的流动、充模及制件质量都有很大影响。如图 2-13 所示，注塑压力与充模时间的关系曲线呈抛物线状。只有选择适中的注塑压力才能保证熔体在注塑过程中具有较好的流动性能和充模性能，同时保证制件的成型质量。注塑压力的大小取决于制件成型树脂原料的品种、制件的复杂度、壁厚、喷嘴的结构形式、模具浇口的类型和尺寸及注塑机类型等因素。

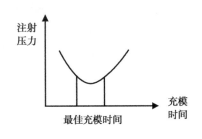

图 2-13

保压压力是指对模腔内树脂熔体进行压实及维护向模腔内进行补料流动所需要的压力。保压压力是重要的注塑工艺参数之一，保压压力和保压时间的选择直接影响注塑制品的质量，保压压力与注塑压力一样都由液压系统决定。在保压初期，制品质量随保压时间而增加，达到一定时间不再增加。延长保压时间有助于减少制品的收缩率，但过长的保压时间会使制品两个方向上的收缩率程度出现差异，令制品各个方向上的内应力差异增大，造成制品翘曲、黏模。在保压压力及熔体温度一定时，保压时间的选择应取决于浇口凝固时间。

背压是指螺杆顶部熔料在螺杆转动后退时对其施加的反向压力。增大背压可以排出原料中的空气，提高熔体密实程度，还会增大熔体内的压力，螺杆后退速度减少，塑化过程的剪切作用加强、摩擦热增多、熔体温度上升，塑化效果提高。但是背压增大后，如果不相应提高螺杆转速，那么，熔体在螺杆计量段螺槽中将会产生较大的逆流和漏流，从而使塑化能力下降。背压的大小与制件成型树脂原料品种、喷嘴种类及加料方式有关。

3. 时间

注塑成型周期主要由注塑时间、保压时间、冷却时间和开模时间组成。

注塑时间指注塑活塞在注塑油缸内开始向前运动直至模腔被全部充满为止所经历的时间。

保压时间为从模腔充满后开始，到保压结束为止所经历的时间。

注塑时间与保压时间由制件成型树脂原料的流动性能、制件几何形状、制件尺寸大小、模具浇注系统的形式、成型所用的注塑方式和其他工艺条件等因素决定。

冷却时间指保压结束到开启模具所经历的时间。冷却时间的长短受熔体温度、模具温度、脱模温度和冷却剂温度等因素的影响，降低生产效率，还可能造成具有复杂几何形状的制件脱模困难。

开模时间为模具开启取出制件到下个成型周期开始的时间。注塑机的自动化程度高，模具复杂度低，则开模时间短，否则开模时间较长。

思 考 题

1. 简述常用的塑料注剂。
2. 塑料有哪些分类？热固性塑料和热塑性塑料有何区别？
3. 常见塑料标识有哪些？
4. 注塑机有哪几部分组成？
5. 简述注塑成型。

第 3 章 模架结构

现代模具设计多采用模架,这使得模具厂可以节省大量的制模时间,缩短了工期,且使得产品的质量与精度得到了保证。

根据产品的特点,模架分为大水口模架与细水口模架。细水口模架又可再细分为简化型细水口模架。每个产品的模具内部结构虽有不同,但其模架结构却都相似。掌握模架的相关内容对于模具设计师来说十分有必要。

本章重点阐述标准模架的规格与型号,并就一副简单的模具做了详细的介绍。

3.1 模具外观认识

认识模具结构,最好是到加工现场看看模具实物,搞清它的主体结构,这样会有利于模具设计的学习。

如图 3-1 所示为实际模具图片,此时模具处于闭合状态。从外形来看,模具形状都差不多,有几块板材组成,但如果把它打开,就会发现其内部结构不尽相同,复杂程度也不一样。

(a)　　　　　　　　(b)

图 3-1

如图 3-2 所示为两副模具打开后的图片，从图中可以看出，模具内部有许多结构，模具的成型部位也在里面，模具的复杂程度完全体现在内部结构上，随着产品的不同，模具结构是不一样的。

(a)　　　　　　　　　　　　　　(b)

图 3-2

3.2　标准模架

我们仔细观察一下注塑模具，就会发现对于一般的注塑模具来说，许多结构是相同的。如都有前后模底板、顶出板、模脚、导柱、导套等，每套模具都包括此类构件。所不同的是每套模具的成型部分（或称模仁结构）却各不一样。

为了尽量缩短制造模具的时间，降低模具的成本，对于这些共有的模板，现在许多模具厂已不再自己加工，这些模板由专门的公司来做，这些公司把模板加工好，然后通过螺钉固定在一起，这就是模架，如图 3-3 所示。模具厂可以根据需求直接购买一定型号的模架，然后再在模架的模板上加工，做出不同的模具结构。

(a)　　　　　　　　　　　　　　(b)

图 3-3

采用标准模架有许多好处，如可以有效的提高加工精度、大幅度的缩短工期，节省成本、减轻加工师傅的工作量等。如今，大多数模具公司，尤其是模具行业发达的地区，都采用标准模架来做模具。当然，也有一些地方的模厂，出于各种原因，并未有采用标准模架，模架的各模板还需要自己加工。

根据产品的不同结构，塑胶模具一般可分为两种类型：一种为二板式模具，简称二板模（Two-plat）；另外一种称为三板式模具，简称为三板模（Three-plat）。二板模又可称为大水口模具，三板模又可称为细水口模具。如果再细分，三板模又分为细水口模具和简化型细水口模具两种。所谓的水口，指的是浇口。大水口实际上指的是直接式浇口、潜伏式浇口、侧浇口等尺寸比较大的浇口；细水口指的是针点式浇口，它的尺寸非常小。

因此，标准模架对应的就有大水口模架、细水口模架和简化型细水口模架三种大类型。而每一种类型又可分出许多不同的样式。

下面我们以最常见的两板模，即大水口模来介绍一下标准模架，细水口模架与它具有相似之处。

如图 3-4 所示为两套典型的大水口模架实际图片，它们在大水口模架系列中属于 CI 型，这种类型是最简单、最基本的模架结构。用图纸来表达该模架结构如图 3-5 所示。

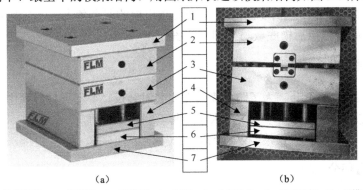

1—前模底板；2—前模板；3—后模板；4—模脚；5—上顶出板；6—下顶出板；7—后模底板

图 3-4

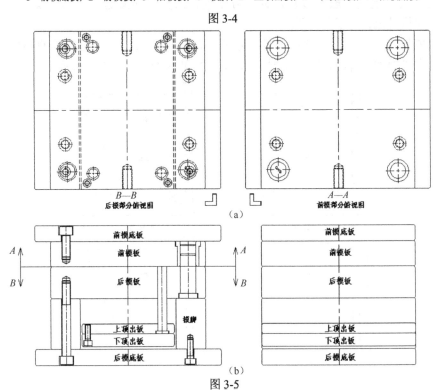

图 3-5

图 3-5 是以大水口模架 CI 型号为代表的模架图。由图我们可看出此型号的标准模架由以下几个部分组成。

1. 板子部分

这部分包括前/后模底板、前/后模板、上/下顶出板、模脚（两个）。

2. 固定螺钉部分

前模固定螺钉：锁定前模底板与前模板的螺钉，一般为 4~6 个。

后模固定螺钉：锁定后模底板与后模板的螺钉，它穿过了模脚，与其是间隙配合，一般是 4~6 个。它的大小和到模具中心线之间的位置跟前模固定螺钉一致。只有其螺钉的长度不一样。

顶出板锁紧螺钉：锁定上下顶出板，分布在顶出板的四个角上，一般是 4 个。

模脚固定螺钉：锁定后模底板与模脚，一般为 4~6 个。

3. 辅助零件部分

导柱与导套：总共 4 套。为了防止模具在安装时装反，4 套导柱导套中靠近基准的一套向模具中心线上方偏了 2mm。不管模具大小，每套模具都一样。

回针：总共 4 个，分布在顶出板 4 个角上。

4. 辅助设置部分

吊环孔：由于模具一般都较重，为了方便模具的安装和搬运，在加工现场都会用到吊车，因此，在模具上设计了吊环孔。

大水口模架共分三大类，12 种型号，除了上面所讲的 CI 型外，还有其他类型。

（1）工字型模架，即 AI 型、BI 型、CI 型、DI 型四种，如图 3-6 所示。

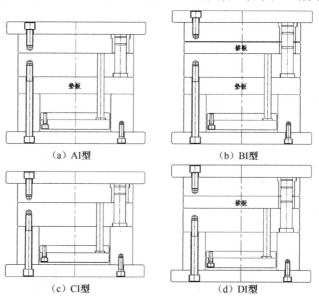

(a) AI型　　(b) BI型

(c) CI型　　(d) DI型

图 3-6

（2）无前模底板的直身型模架，即 AH 型、BH 型、CH 型、DH 型四种，如图 3-7 所示。

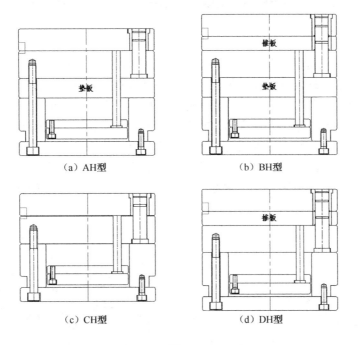

图 3-7

（3）有前模底板的直身型模架，即 AT 型、BT 型、CT 型、DT 型四种，如图 3-8 所示。

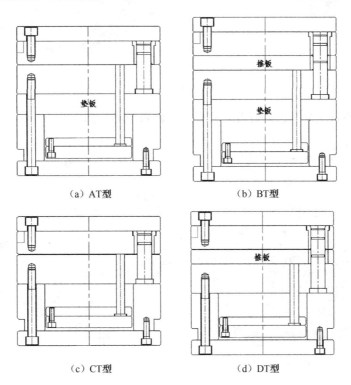

图 3-8

3.3 典型模具结构 3D 图解

学好模具设计,头脑里面要有模具内部的三维结构,要达到这一点,除了强化制图方面的学习之外,多到加工现场看看模具加工也是一个非常奏效的方法。见得多了,自然就容易理解。俗话说的好:"百闻不如一见",到实际加工现场一看,你就全明白了。如果有师傅在场帮你打开模具,并逐个零件拆开给你看的话,那真是再好不过,因为这样印象最深刻。

可是很遗憾,并不是每个读者朋友都能够身临其境的,为帮助大家理解,现在我们以一副简单的模具为例,借助 3D 软件,把模具拆开,就像如临现场一样,也可以洞穿模具内部结构。如图 3-9 所示,该产品是一个简单的塑料盖子,它采用了前面介绍的最简单的 CI 型模架结构。

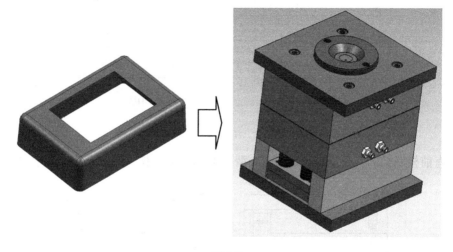

图 3-9

现在我们把模具从分型面处打开,打开后的两瓣模具如图 3-10 所示。

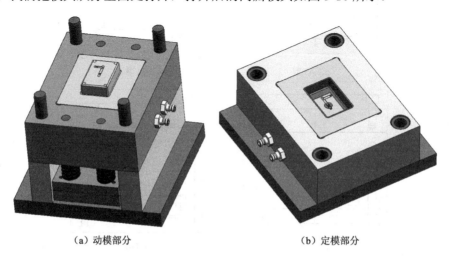

(a)动模部分　　　　　　　　　(b)定模部分

图 3-10

第 3 章 模架结构

和前面模架一节所讲述的一样，采用标准模架的模具有许多组件是相同的，为了让大家更进一步理解，我们以这个例子做讲解，虽然简单，但是代表了注塑模具最基本的典型结构。

3.3.1 动模部分拆分

图 3-11 为本套模具动模部分各个组件的名称标示，首先需要说明的是，模具的动模部分、定模部分的这种称呼是源自工程中，因为模具是固定在注塑机上的，随着开模动作，注塑机的移动模板将带动模具的一部分沿着分型面打开，从而与模具的另一部分分离。于是，固定在注塑机移动模板上面，并随注塑机移动模板移动的这部分模具，称为动模部分；而固定在注塑机固定模板上的那部分模具称为定模部分。

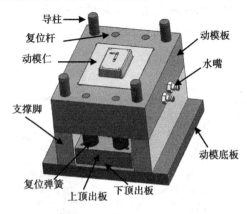

图 3-11

在我国不同地方对某些模具结构零件的称谓是不一样的。例如，定模板有的地方称为母模板、上模板、前模板、型腔板、阴模、凹模、A 板等，叫法五花八门，给初学者阅读模具资料时带来了点麻烦，但这也是没办法的事情，大家以后见得多了也就习惯了。

下面我们就把动模部分的零件一个个拆开，以便大家理解。

注意： 在模具厂，钳工实际拆模时，都是从底板的大螺钉开始拆卸的，一般的顺序是后模底板、模脚、上/下顶出板、后模仁等。但这里为了讲清楚，图示方便起见，我们并未按实际拆模的顺序，只是从讲清结构的角度来说明。

拆掉模仁

后模仁是通过螺钉与后模板固定在一起的，顶针穿过后模板及后模仁，如图 3-12 所示。

模仁是用来成型塑件的，模仁分为动模仁、定模仁。对于早期的模具来说，没有模仁部分，产品是直接在模板上面成型的，时至今日，对于某些简单的模具，或者说某些模厂出于成本的考虑，也还有采用这种方法成型。

随着客户对塑胶产品的外观、结构等要求的越来越高，一般情况下，塑胶产品直接在模板上成型的模具越来越少。一个原因就是模板的材质相对而言比较差，这种材质达不到塑胶产品成型的精密要求；但如果模板采用好的材质，这样会增大模具材料的成本，不划算。所以，为了得到更好的产品，而且成本又不高，就可以采用模仁结构。

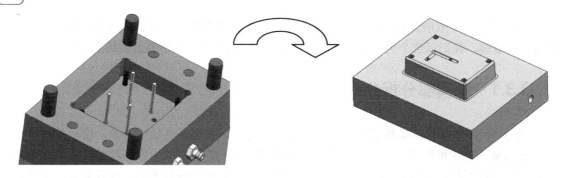

图 3-12

模仁是塑胶模具的核心部分,它是模具里面最重要的组成部分。产品的成型部分就在模仁里面,大部分时间的加工也花费在模仁上。实际做模的时候是先把动、定模板铣个框,然后把加工好的模仁配进去,因此有定模模仁和动模模仁之称。如图 3-13 箭头所指圆圈部位为模仁。

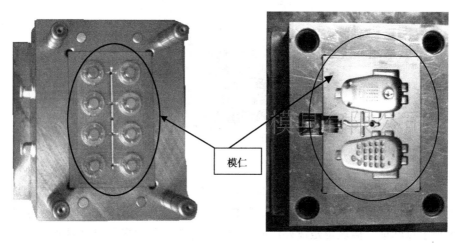

图 3-13

接下来,我们把后模板拆下,后模板上有导柱孔、回针孔、螺钉孔。后模板是靠大螺钉与模脚、后模底板连接在一起的。弹簧套在回针上面。在后模板的框槽中,预留有顶针孔,如图 3-14 所示。

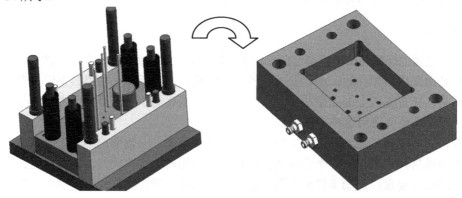

图 3-14

第 3 章 模架结构

拆除两边模脚。模脚，也称支撑脚、垫块、方铁。模脚的主要作用是为确保塑件的顶出距离，另外也为放置上/下顶出板腾出空间，使成品能顺利脱模。支撑脚上面除了有预留的螺钉过孔外，有的还有销钉孔，如图 3-15 所示。

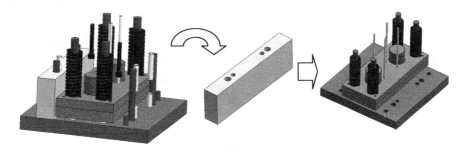

图 3-15

回针、顶针都固定在顶出板上，且回针上面套有弹簧，去除顶出板及上面的回针及弹簧、顶针，将只剩下后模底板。顶出板分为上、下顶出板，两块板通过螺钉固定在一起。本套模具中，在后模底板上还固定有两个支撑柱（撑头）及四个垃圾钉，如图 3-16 所示。

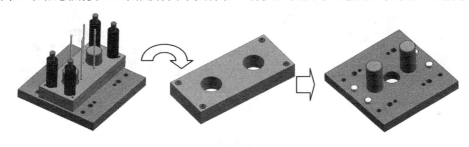

图 3-16

3.3.2 定模部分拆分

定模部分，也即模具的前模部分。对本套模具来说，有三部分组成：前模底板、前模板、前模仁。它们是通过螺钉固定在一起的。实际现场钳工拆模时，要先把螺钉去掉，拆下前模底板，然后再去除前模仁锁紧螺钉，拆除前模仁。此处纯粹为说明结构，并未按实际现场来拆分，请读者注意。

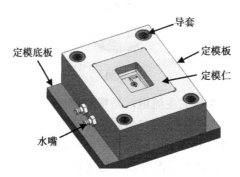

图 3-17

37

（1）拆除前模仁。前模仁是通过螺钉和前模板固定在一起的。与后模一样，前模板也是用铣刀挖了一个框，再把加工好的模仁配进去，用螺钉锁紧，如图3-18所示。

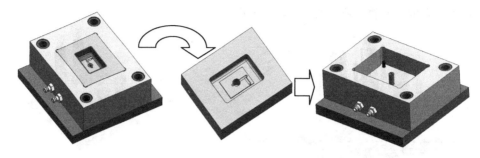

图3-18

浇口套穿过定模板，并穿过定模仁；导套固定在定模板四个角落，与动模板上面的导柱相对应。其作用是和导柱配合，从而保证模具的精确导向。

（2）拆除定模板。定模板是通过螺钉和定模底板固定在一起的，如图3-19所示。

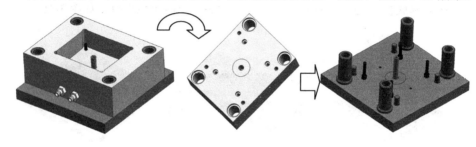

图3-19

（3）拆除浇口套、定位环，如图3-20所示。

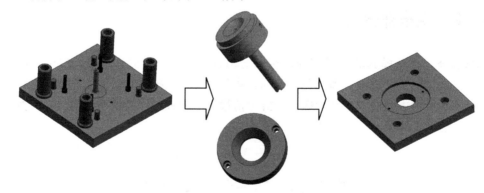

图3-20

浇口套主要形成模具浇注系统的主流道，是塑胶熔体进入模具空腔必须经过的第一个通道，可以说是起到了一个桥梁的作用。浇口套属于标准件，无需设计，可定购。定位环的主要作用在于使注塑机喷嘴与浇口套对正以顺利完成注射，有时也兼任压板的角色，防止注塑压力使得浇口套后退。定位环也属于标准件，可直接购买，无需设计，如图3-21所示。

第 3 章 模架结构

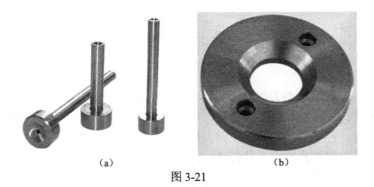

图 3-21

3.4 模具结构 2D 图解

目前，我们对注塑模具的形状、结构有了一定的认识，脑海中有其内部结构的初步印象。然而，仅凭这还不能够更深入的学习具体设计知识，须知模具加工现场多是凭借图纸来交流的，我们必须要懂得模具方面的专业图纸，才能更全面，更深入地掌握模具设计的具体方法和细节。

从 2D 图纸这个层面来学习各种模具结构，这是一个转变，我们须经受这个转变，将我们的思想逐步细化，细化到正规的模具图纸上来，只有适应这个变化，才能够真正进入模具设计领域。

此前我们讲模架的时候，虽然接触到模具的相关图纸，但那时未加产品，所以也没有做更详细的说明。下面我们通过一副模具 CAD 图（更准确地说是主视图）来认识模具内部结构，请仔细看图 3-22，并对照前面所讲的 3D 结构加以理解。

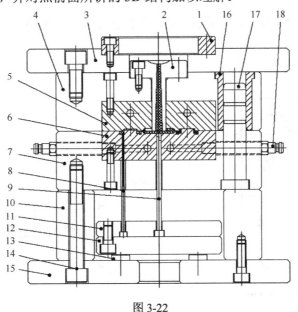

图 3-22

1—定位环；2—浇口套；3—前模底板；4—前模板；5—前模仁；6—后模仁；7—后模板；8—顶针；9—拉料钩针；10—横脚；11—上顶出板；12—下顶出板；13—垃圾钉；14—螺钉；15—后模底板；16—导套；17—导柱；18—水嘴

39

3.5 模仁

模仁（Die Core），有的地方也称镶块。前面我们讲过，模仁是用来成型塑件的，是模具中关键的精密零件。其结构一般极端复杂，加工难度大，造价很高，往往制造的人工支出大大超过材料的本身。各个模具之所以不同，最主要的是其模仁结构不同造成的。在实际模具设计的时候，需要根据产品的大小进行排位，即布置产品在模具中的具体摆放，如果采用模仁结构的话，就要确定模仁的大小尺寸及固定方法。

3.5.1 模仁尺寸的确定

模仁的尺寸大小主要取决于塑料制品的大小和排位。在保证钢料足够强度的前提下，模仁越紧凑越好。确定模仁的大小有两种方法。

1）计算法

这种方法主要是通过一系列复杂的公式对型腔壁厚进行校核计算，从而得出模仁的尺寸。这种方法在众多的传统模具设计教科书里面多有叙述，但这种方法可操作性实在太差，对于实际工程中大多数普通模具来讲，根本就不需要计算，事实上，也无法套用它所给出的标准公式来计算。因为产品的形状千差万别，怎会所有的产品都像公式所规定的那种标准模型呢？

2）估算法

这种方法是根据经验来给出型腔壁厚，从而得出模仁的尺寸。由于简单实用，方便操作，故在模具厂普遍采用。具体参数的选取则根据个人设计经验或公司的规定来定。没有一个严格的参数值，而是一个适用范围。

下面我们来介绍模仁尺寸设计的估算法，仅供参考，如图 3-23 所示。

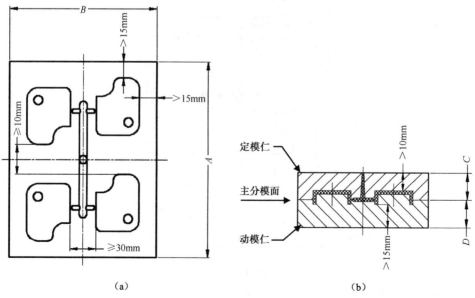

图 3-23

（1）产品最外边到模仁侧面的距离不小于 15mm，常取 30mm。产品与产品的距离，若没有流道，则常取 10mm 以上；若有流道，则常取 30mm 以上。然后根据这些尺寸，可算出产品尺寸 A、B 值。

（2）产品顶端至定模仁底面距离大于 10mm，常取 25mm 以上。

（3）产品底端到动模仁底面距离大于 15mm，常取 30mm 以上。

所得 A、B、C、D 值要取一个整数，并且要相对于模具中心线对称。

注意：尺寸太小则无法保证强度，太大则浪费材料，增加成本。10mm、15mm、25mm 和 30mm 等这些尺寸仅作为最小安全量的参考尺寸，对于这个值各公司的规定会有不同。随着产品大小的变化，这些值也会改变。变化多少，要有一定的经验。请读者多参考别人绘制的模具图，另外自己也需要在实际设计中不断的积累经验。

3.5.2 模仁的固定

在模具加工现场，通常是在模架的定模板和动模板上分别用铣刀"开框"，然后将模仁装配进去。

有两种方式可供参考，如图 3-24 所示。

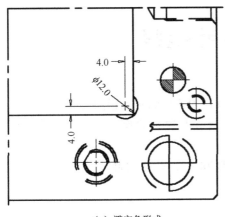 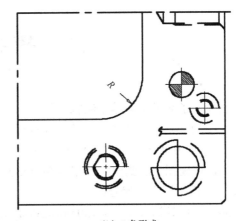

（a）避空角形式　　　　　　　　　　　（b）R 角形式

图 3-24

图 3-24（a）的形式，称为避空角的形式。一般来说，当模仁尺寸比较小时（小于 1818）可采用避空角形式；而当模仁尺寸比较大时（>1818），则可采用图 3-24（b）的 R 角形式。R 值常取 8mm、13mm、20mm、16.5mm，具体随模架大小而变。采用 R 角的形式铣刀很容易加工，对应的模仁四周也应倒圆角。

模仁通过螺钉固定在模板上，螺钉最好选用 M8，小模仁可用 M6 的螺钉。螺钉一般取 4 颗，且均匀布置在模仁四周，具体数量及规格还是应视模仁的尺寸大小而定。出于方便加工考虑，螺钉的间距 L 首先考虑 20 的倍数为好，其次是 10 的倍数，5 的倍数。详细尺寸如图 3-25 所示。

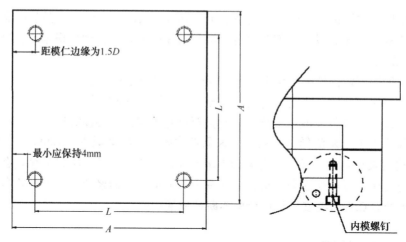

模料尺寸 A/mm	<65×65	65×65<A<95×95	95×95<A<140×140	140×140<A<200×200	200×200<A<300×300	>300
螺牙尺寸	M6	M6	M8	M10	M12	M16
数量/个	2	4	4	4	4~6	6~8

图 3-25

3.6 模架的选择

前面我们了解模架的基本结构，那么在实际设计中该如何定购模架呢？

定购二板模标准模架时，必须要决定的几个尺寸有模具的长、宽；前、后模板的厚度（也就是 A 板、B 板的厚度）；模脚的高。

例如，在模图上看到定购的字样 SC1530A60B70C90，是何意思？

SC——模架厂商的代号；

1530——模具的宽×长为 150mm×300mm；

A60——模具前模板厚度为 60mm；

B70——模具后模板厚度为 70mm；

C90——模具模脚厚度为 90mm。

那么这些关键的尺寸怎样得出呢？实际模具设计时，多是凭借经验值估算出的，很少通过教科书中的公式计算，这个道理与前面所说的模仁尺寸计算式一样的。图 3-26 为具体的设计经验参数，仅供参考。

需要说明的是以上数据仅供参考，每个模厂具体参数的取值可能会有不同。

根据以上的经验值，很容易就能算出模架的长 L_m 和宽 L_n，前模板的厚度 A，后模板的厚度 B，模脚的厚度 C。注意计算所得的上述尺寸要取整数，然后根据这些尺寸，即可订购对应规格的模架。

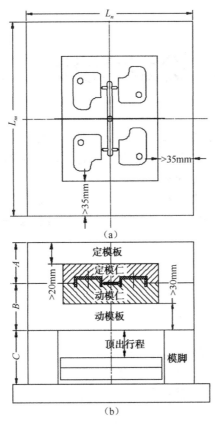

(1) 模仁边沿到模板边沿之间的距离不小于35mm，常取50mm以上。

(2) 定模仁底面到定模板底面之间的距离不小于20mm，常取30mm以上。定模仁嵌入到定模板里面的厚度不得超过定模板厚度的2/3。

(3) 动模仁底面到动模板底面之间的距离不小于30mm，常取35mm以上。动模仁嵌入到动模板里面的厚度不得超过定模板厚度的2/3。

(4) 顶出行程=产品的总高度+（10~20）mm的最小安全量

(5) C板高度，等于顶出行程+上、下顶出板厚度（一般取40~45mm）+垃圾钉厚度（一般取5mm）。

图 3-26

思 考 题

如图3-27所示，设计要点如下：
① 一模两腔；
② 绘制模具组立图；
③ 采用模仁结构；
④ 比例：1:1绘图；
⑤ 不考虑缩水，不拔模。

该题重点考查读者对模仁结构设计及订购模架、基本排位等知识的掌握。

备注：不要求设计进胶、运水、顶出等。不标数，明细表不要求。

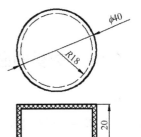

图 3-27

第4章 分型面设计

现在模具生产多采用模仁结构,模仁是注塑模具的核心部分,它是模具里面最重要的组成部分,制品的成型部分就在模仁里面,制品的形态变化多端,对应的模仁结构复杂程度也就不一样。对于模具加工来说大部分加工时间都花费在了模仁上。

实际上,不管模具有无采用模仁,制品在模具中成型部分结构设计总是相同的。本章重点讲述成型零件设计的一些要点,包括拔模角度、分型面的选择、模仁结构形式等。

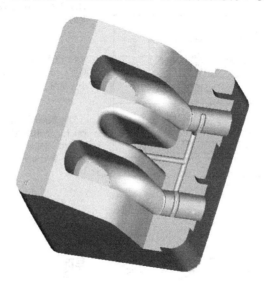

4.1 拔模

4.1.1 拔模的必要性

如图 4-1 所示产品,是一个简单的塑料盒子,侧壁采用不同的设计,在模具里面成型后,会包紧在后模仁上面,如果要将其从模仁上面顶出来,哪种形式更容易呢?

图 4-1 (a) 和 (b) 的差别仅仅在于一个是盒子的侧壁做了直身面;一个是其侧壁倾斜了一个角度。凭日常生活经验来说,似乎图 4-1 (b) 的形式,产品更容易从模仁上面脱出来;图 4-1 (a) 的形式,产品则会包得很紧,顶出会很吃力。

实际情况确实如此,只有产品设计时侧壁倾斜了角度,成型后才能更顺利地从模具上面脱出,我们把这种产品侧壁称为倾斜角度的做法,称为拔模;而其对于的角度,称为拔模角度。

第 4 章 分型面设计

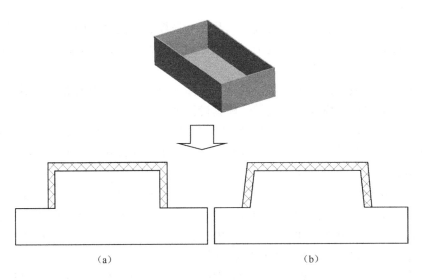

图 4-1

拔模角度是指在与模具表面直接接触并垂直于分型面的产品特征上设计略微斜度，正是由于这个角度的存在，才会使模具被打开的瞬间在塑件和成型零件之间产生间隙，从而让制件可以轻松地脱离模具。如果在设计中不考虑拔模角度，由于热塑性塑料在冷却过程中会收缩，紧贴在模具型芯上很难被正常地顶出，即使顶出也可能会导致制品被拉伤或变形。

然而，产品拔模的方向是有讲究的，拔模方向不正确可能会导致模具无法加工或者产品脱不出模具，下面我们还以上面那个简单产品为例，分析一下其侧壁可能的拔模形式，如图 4-2 所示。

图 4-2

仔细对四种形式进行分析，即可发现图 4-2（c）和图 4-2（d）的拔模形式是错误的，因为内壁拔模方向错误导致在产品内壁形成了倒勾，开模后产品顶不出来，就算被强迫顶出来了，产品也会被破坏或有较大的变形！此处以图 4-2（c）为例，如图 4-3 所示。

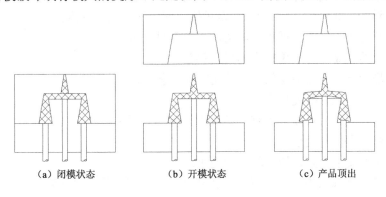

图 4-3

由以上的图示分析我们可以体会到：制品添加拔模斜度是多么的重要。一般来说，塑胶产品最好在产品设计时就要拔模，这个工作应该由造型设计师或产品设计师来完成。有丰富经验的产品设计师往往会知晓这一点。

然而有的时候，或者是由于疏忽，或是为了图省事，或者是因为对模具不甚了解，产品在做造型的时候并未做拔模斜度就提供给模具设计师使用，而模具设计师为了分模，不得不专门抽出时间来拔模，尽管这本是产品设计师应该做的活，更糟糕的情况是，如果产品实在设计得无法满足模具开模，就不得不更改造型，甚至于重新构建产品模型，这浪费了大量的时间，让人很是头疼，满腹牢骚。

事实上，这种情况在实际设计加工现场很常见。如要解决这个问题，一要靠各自的职业操守，认真负责，该是自己的工作一定要做到位，不给下一环节增添麻烦；二是靠沟通协调，互相学习交流，了解造型和模具设计的内在关系，相关人员要在设计室和车间来回多走走，只有互相了解对方工作，才能共同完成任务。

某些有资质的公司在产品设计阶段就要求模具设计工程师参与进去，协同开发，这是一个很不错的方法，毕竟设计的产品是要开模具的，尽早互相交流意见，会少出错误，提高工作效率。

4.1.2 拔模角度的选取

拔模对产品来说很重要，它关系到产品能否顺利脱出。有读者可能会问：拔模后产品尺寸是否会变化？

那是肯定的，一旦拔模，哪怕拔模斜度很小，产品的尺寸也会变化的。但塑胶制品与其他产品一样，对于其尺寸，都有一个公差范围，只要尺寸在合理的范围内波动，均可以满足要求，另外塑料本身就具有弹性，即使尺寸不像金属制品那样精准，它也可以通过自身的塑性来满足使用。

尽管如此，拔模角度还是应该在满足脱模的情况下，越小越好，毕竟其造成的尺寸波动还是有的。对于普通的模具来说，精度要求不高，拔模角度可选大一点。现在随着加工设备的日益先进，成型工艺的不断优化，以及对产品要求的苛刻要求，有些产品就不允许拔模。

至于拔模角度的大小，这个问题比较灵活，不好做统一规定，应视产品具体结构来定，另外产品所用塑料的种类、特性及产品表面精度要求等因素对拔模角度都有影响。

通常拔模斜度取 0.5°、1°、2°。定拔模斜度应注意以下几点。

（1）拔模斜度在不影响外观和功能情况下能尽量大就大。

（2）尺寸大的制品，应采用较小的拔模斜度。

（3）制品形状复杂不易拔模的，应选用较大的斜度。

（4）制品收缩率大，斜度也应加大。

（5）增强塑料宜选大斜度，含有自润滑剂的塑料可用小斜度。

（6）制品壁厚大，斜度也应大。

（7）制品精度要求越高，拔模斜度应越小。

以上是拔模斜度选取的一些要点，单就某个产品而言，具体设计时以上各点可能会互相矛盾，这就需要综合多种因素考虑，灵活运用。

4.2 分型面

4.2.1 分型面的位置

分型面是模具处于闭合状态时动模和定模相接触的曲面。如何来理解这个分型面呢？我们知道模具的动/定模部分相互扣合，中间形成一个空腔，往里面注塑料，冷却后形成制品。凡是有空腔的地方，动/定模肯定不接触，而其他部分动/定模则是紧密的贴合在一起，这些地方就称为分型面。

这就譬如把葫芦一剖两瓣当作瓢来舀水，那葫芦原本中间是空的，现在拿刀沿中间某个面一剖两瓣，这两瓣就像我们模具的动、定模，这个剖面就好似我们所说的分型面！

从理论上来说，分型面可以选取在产品的任何地方，只要把前后模钢料拼凑起来，形成塑件形状空腔即可。然而事实上，由于受到种种因素的制约，分型面并非是随意选择的。如图 4-4 所示为一个简单盒子的分型面。

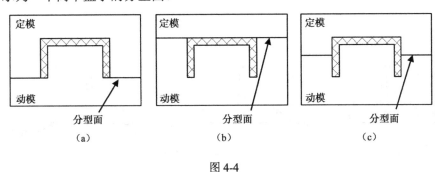

图 4-4

应该说，这三种分型面都可以使产品成型，但图 4-4（b）的形式，对应的后模不好加工，且产品从窄槽中顶出将会很困难；图 4-4（c）这种形式与图 4-4（b）形式情况相似，但更会在产品表面一周产生合模痕迹，这对于产品外观有影响。所以只有图 4-4（a）的形式适合。

从上图中我们可以看出，分型面选取的不同，将直接导致模具的前、后模结构不同。所以说做分型面的过程其实也就是确定模具结构的过程，你要确定产品那个地方出前模，那个地方出后模。做分型面时要考虑诸多影响因素，例如，必须要考虑产品顶出是否容易，好不好加工，有没有影响产品外观等分型面选好，就等于设计工作做好了一半。

时至今日，模具设计早已是计算机辅助设计了，各种模具软件如 Pro/E 等，都能够自动化分模，模具设计师的主要工作之一就是分模，分模说白了，也就是确定分型面，称为结构。只有设计者面对产品懂得如何选取其分型面，才能操作软件去分模。所以说，分型面的选取关系到模具设计的成败。

工程中，并不是所有的产品都像盖子这样简单，能够让我们凭生活经验就能确定其分型面，产品往往是复杂多变，形态各异，这就要求设计师认真仔细，选择最佳的分型面位置。

4.2.2 分型面的选取原则

如前所述，分型面的确定是一个很复杂的问题，受到许多因素的制约，常常是顾此失彼。所以在选择分型面时应抓住主要矛盾，放弃次要因素。不同的设计人员有时对主要因素的认识也不尽一致，与自身的工作经验有关。有些塑件分型面的选择简单明确并且唯一；有些塑件则有许多方案可供选择。下面，我们谈一下分型面选择时的若干注意事项，还请读者在工作实践中多多积累。

分型面位置应设在塑件脱模方向上最大的投影边缘部位。

如图 4-5 所示为一个周边倒圆的产品，它的分型面选择如图 4-6 所示。

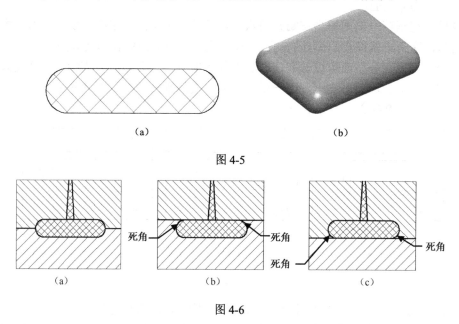

图 4-5

图 4-6

图 4-6（b）所示的形式后模无法加工出来，即使能够加工出来，开模后，由于死角的存在，也会影响产品的顶出；图 4-6（c）所示的形式与图 4-6（b）种形式相同，产品不会随动模一起向下运动，会留在前模，且无法顶出；只有图 4-6（a）所示的形式，分型面处于产品的最大轮廓线处，这样分模结构既不会影响产品的顶出，也容易加工，但会在其圆角的分模处存在合模线，影响产品外观。但这个没有办法，不可避免。因此，在选择塑件分型面时，要选沿其开模方向的最大外形投影线，如图 4-7 所示。

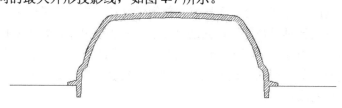

图 4-7

塑件的最大外形是判断分型面的一个最基本、最重要的方法。大多数壳类、盖状产品均可采用这种方法得出分型面。

1）有利于塑件脱模

从塑件脱模角度来说，我们尽量将塑件留在动模，因为这样方便产品的顶出，如果留在定模的话，无疑将加大模具的复杂程度。如图 4-8 所示，图 4-8（a）开模后，由于塑件的抱紧力，将留在定模，所以就没有图 4-8（b）的形式好。

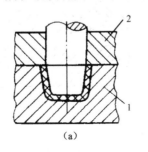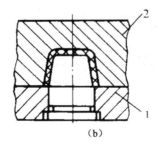

图 4-8

2）确保表面质量

对于绝大部分制品来说，外观面均要求严格，不得有合模线痕迹，所以在选分型面时尽量避免走在塑件的外观面上，除非不得已的情况。如图 4-9 所示，图图 4-9（b）的分型面走在了外观面，顶出后，产品的外观面将有一圈合模痕迹。

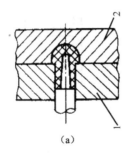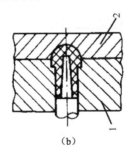

图 4-9

3）分型面的选择要有利于模具加工

如图 4-10 所示，两种分型面所取位置不一样。图 4-10（a）对应的前模为一平面，好加工；图 4-10（b）对应的前模有一凸起，不好加工。另外图 4-10（b）这种形式更增加了产品留前模的可能性。

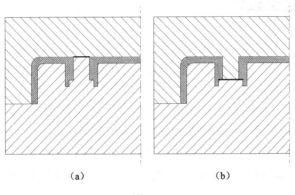

图 4-10

4）有利于排气

当分型面作为主要排气渠道时，应将分型面设计在塑料的流动末端，以利于排气。如图 4-11 所示，图 4-11（a）的分型面排气效果就不如（b）的好。

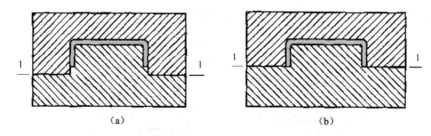

图 4-11

5）分型面的选择要有利于简化模具结构，并尽可能地避免侧向抽芯

分型面选择应尽量避免形成侧孔、侧凹，如图 4-12 所示，图 4-12（a）所示形式分型面会形成侧凹，必须抽芯后，才能够脱模；图 4-12（b）所示形式分型面则无需侧抽芯即可脱模。

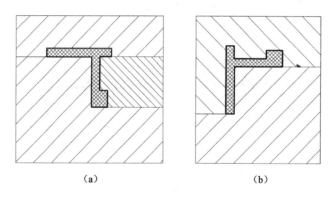

图 4-12

以上大致总结了设计分型面时需要考虑的一些情况，因塑件的形状千差万别，此处不再一一赘述，具体分型面的选择还有待于读者在工程实践中，不断地积累经验，学习提高。

4.2.3 模具定位设计

对于一些精度要求高的模具，或分型面为大曲面、分型面高低距较大时，可考虑给模具做定位设计。承担模具定位功能的结构在模具中有一个专门的术语——管位，如图 4-13 所示。

管位结构形式可以是虎口形、长条形、圆形等，无论何种形式，它总是在一个模板上（如前模板）凸起来，而在另一个模板上（如后模板）凹进去。

理论上模具最好都做管位，但有些厂出于对模具材料成本和加工成本的考虑，对一些产量不大、精度要求比较低的简单模具，就没有专门做管位，而是依靠产品本身的分型面结构来起定位作用。

第 4 章　分型面设计

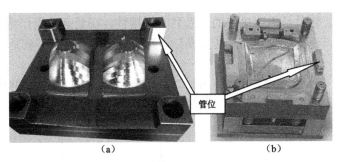

图 4-13

实际工程中，虎口形式的管位用的比较多，虎口管位做在模板上和模仁上都可以，可以单独做，然后镶嵌上去，也可以原身留，但实际上很少采用镶嵌的方式。

如图 4-14 所示，为一种虎口管位设计细节。虎口大小根据模仁尺寸而定，模仁的长和宽在 200mm 以下的，做 4 个 15mm×8mm 高的虎口，斜度约为 10°；如模仁的长度和宽度超过 200mm 以上的模仁尺寸，其虎口尺寸不小于 20mm×10mm。

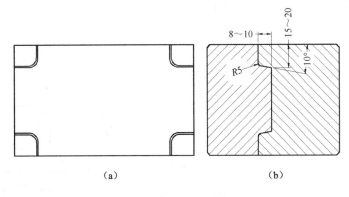

图 4-14

虎口的排列方式比较随意，原则上需要尽量平衡对称，至于模仁上的虎口是做凹进去还是凸出来，需要具体问题具体分析，以省材料、加工方便为原则。为防止模仁装反，虎口要做防呆处理，即其中一个作为基准的虎口跟其他的虎口尺寸不一样，这样装配的时候就不容易出错。

虎口的斜度一般取 3°～10°，在没有插穿的情况下，可以自由取度数，如果有插穿的情况，则虎口的斜度不能大于插穿的角度，这也是插穿角度一般取大于 3°的原因之一（因为插穿的度数一般取 3°～5°）。

4.3　镶件

4.3.1　镶件的做法

用来成型制品的是动、定模仁，然而绝大多数情况下，动、定模仁并非是"铁板一块"，其内部也是由众多的镶件构成，这正如我们的计算机键盘，看似一个整体，里面却是由一个个按键构成。镶件是组成模仁的一系列的拼接件，在复杂的模仁结构中往往根据需要存在许多镶件结构。说得极端一点，其实模仁本身相对于整个模具不就是一个大镶件吗？

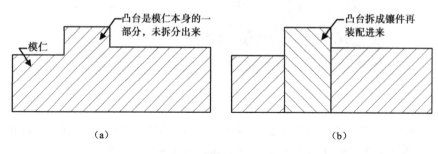

图 4-15

如图 4-15 所示，图 4-15（a）为一个整体模仁，图 4-15（b）是将凸起部分拆分出来，单独加工，再装配进去。两种形式结构虽有区别，但它们承担的成型功能是一样的。下面我们举例说明模仁拆镶件的情况，如图 4-16 所示。

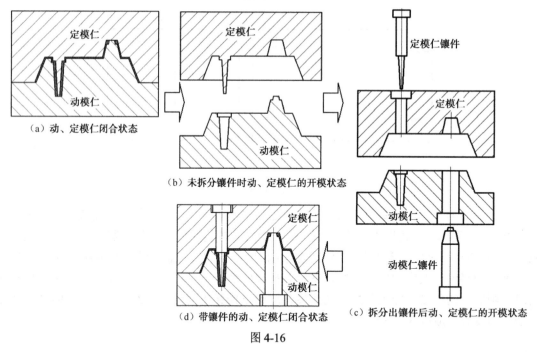

图 4-16

以上是模仁内部结构出镶件的示意图，可以看出：动、定模仁不一定就是一个独立整体，其内部可根据需要拆分出各种形式的镶件结构，由镶件和模仁的其他部分构成了成型制品的模具腔壁。镶件和动、定模仁可以分别备料加工，然后装配在一起。

4.3.2 镶件的意义

为什么模仁结构内部要出镶件呢？这个和许多因素有关，或者是为降低成本，或为加工方便，或为排气需要等。拆镶件常见的原因如下。

1）方便加工与维修

模具是相当复杂的零件，在加工过程中，往往会遇到一些结构复杂、特殊的形状，这些形状加工困难，并且不易维修。对于这些结构，可以用拆镶件的方法来降低其加工与维修难度。如图 4-17 所示，在模仁曲面上有一柱形凸起，凸起与曲面交接处直接加工比较困难（图 4-17（a）），可拆成镶件的形式（图 4-17（b））。

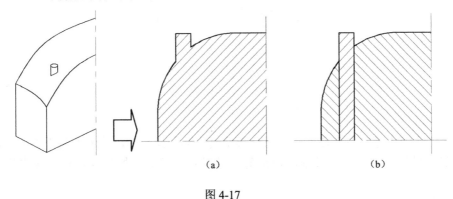

图 4-17

2）便于成型和脱模

如果产品中有较深的筋或其他不易成型的结构，这些结构在成型时易造成射不饱、烧焦、接痕等缺陷。拆镶件可以有效地解决这一问题，镶件周边的间隙不仅可以利于成型时排气，并且也防止产品在脱模时可能出现的真空粘模现象。

图 4-18 中，图 4-18（a）筋太深且薄，如果不拆镶件很难充满，而且会烧焦；图 4-18（b）中若不拆镶件，容易出现包风现象，而且在顶出时会因真空而顶不出。

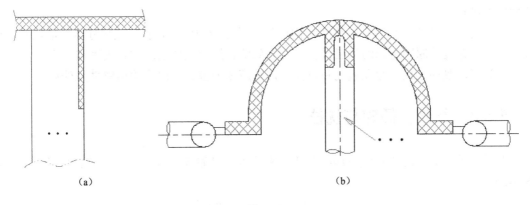

图 4-18

3）增加模具强度

在模仁或滑块等成型零件上有小面积插破（或靠破）时，为了增强模具强度，提高模具寿命，可以把插破（或靠破）部分拆成镶件，用较好的材料替代。

如图 4-19 所示，若不拆镶件，插破地方很薄，若使用一般材料强度会不足，将其拆成镶件，用较好材料替代（如弹簧钢），可以增加模具强度。

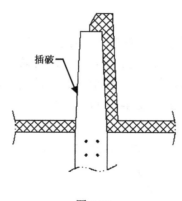

图 4-19

4）节省材料，降低成本

在模仁或滑块等成型零件上，当部分形状高出其他面很多，或者不利于加工时，可以拆镶件来节省材料，降低加工成本，否则备料时尺寸将增加，加工也费时，成本将有很大的浪费。

当考虑准备拆分模仁结构中的镶件时，应在尽可能满足客户外观要求和保证良好的成型质量的情况下，力求简捷，加工方便，节约材料，降低成本。拆分模仁中的镶件时应考虑以下几点。

（1）对一个制品来说，具体什么部位需要拆分出镶件，这主要是根据实际加工现场的加工能力及产品的具体结构情况而定。一般来说，形状复杂，加工困难，不易成型，有多处配合需多次修配的地方要考虑拆成镶件。

（2）产品的外观面尽量不要拆镶件，如果必须出镶件结构，必需要与客户确认镶件的拆法后方可进行。

（3）对于大型的拼装模具，镶件结构形状应尽可能规则，且长、宽尺寸尽可能取整，以减少因机械精度等原因造成的加工误差，可有效防止组装偏位造成的合模困难。

（4）当产品的结构中存在通孔和盲孔时，对应成型位置一般要用出镶件来处理。

4.3.3 靠破、插破与枕位

对于塑胶产品中的通孔的成形，有两个专业术语"靠破"和"插破"需要解释一下。如图 4-20 所示。

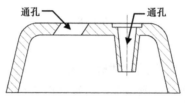

图 4-20

图 4-20 所示产品顶面有两处通孔，既然是通孔，此处没有塑料，那么成型时，前、后模应该在这里相碰，即这个地方将来都将被金属占据。图 4-21 为其模具成型示意图。

第 4 章 分型面设计

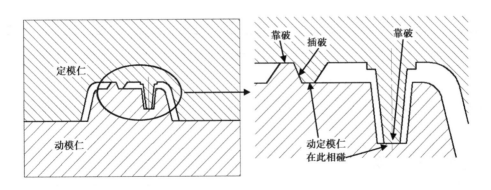

图 4-21

如图 4-21 所示，我们可以看到动、定模仁有些部分是相互碰在一起。注意：没有拔模角度的相碰我们称为"靠破"，也有人称为"碰穿"；而有拔模角度的相碰称为"插破"，也称"插穿"。

如果产品上出现断差，如图 4-22（a）所示，在做分型面时为了更好地封胶，分型面需要沿着断差横向拉出来一段距离，这段距离就称为枕位。如图 4-22（b）所示。枕位距离一般取 5～8mm。

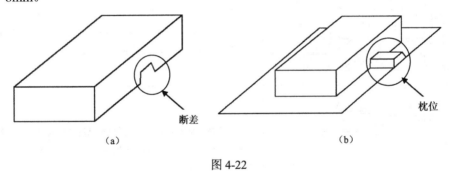

图 4-22

4.3.4 镶件的固定

镶件的固定一般来说有两种方式：一种是采用镶件自身所带的挂台固定，另一种是用螺钉固定。当镶件较小时用挂台，当镶件较大时最好用螺钉。当然，在有些情况下，也兼而有之。表 4-1 为镶件固定的几种常用形式。

表 4-1

简　　图	说　　明
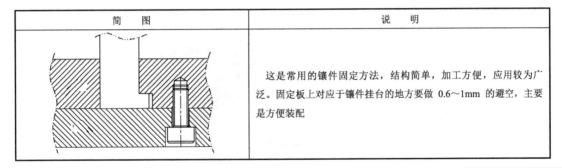	这是常用的镶件固定方法，结构简单，加工方便，应用较为广泛。固定板上对应于镶件挂台的地方要做 0.6～1mm 的避空，主要是方便装配

续表

简　图	说　明
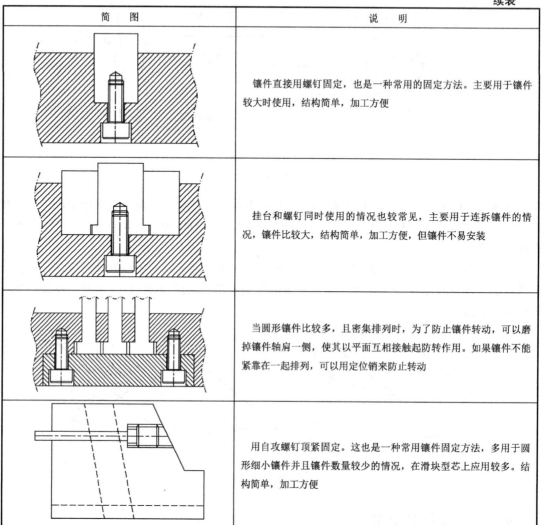	镶件直接用螺钉固定，也是一种常用的固定方法。主要用于镶件较大时使用，结构简单，加工方便
	挂台和螺钉同时使用的情况也较常见，主要用于连拆镶件的情况，镶件比较大，结构简单，加工方便，但镶件不易安装
	当圆形镶件比较多，且密集排列时，为了防止镶件转动，可以磨掉镶件轴肩一侧，使其以平面互相接触起防转作用。如果镶件不能紧靠在一起排列，可以用定位销来防止转动
	用自攻螺钉顶紧固定。这也是一种常用镶件固定方法，多用于圆形细小镶件并且镶件数量较少的情况，在滑块型芯上应用较多。结构简单，加工方便

思　考　题

1．请绘出如图 4-23 所示产品的分析面。

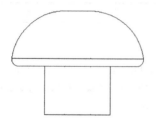 

图 4-23

第 4 章 分型面设计

2. 请绘出如图 4-24 所示产品的分析面。

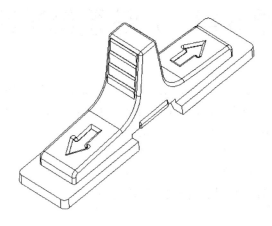

图 4-24

第 5 章 浇注系统设计

浇注系统也称进胶系统,是指熔体从注射机的喷嘴开始流动到模具型腔为止所经过的一个通道。这个通道在模具当中充当了一个"桥梁"作用,它把模具型腔与外部的注塑机连在一起,使得流动的塑胶熔体能对模具进行填充。

浇注系统在模具结构中的作用:引导熔体平稳地进入型腔,使之按要求充填型腔的每个角落;使型腔内的气体能顺利地排出;在熔体填充型腔凝固的过程中,能充分地把压力传到型腔各部位,以获得外形清晰、尺寸稳定的塑料制品。

5.1 浇注系统的构成

浇注系统由主流道、分流道、冷料井、浇口四个部分构成。图 5-1 所示为一套模具组立图中的浇注系统。

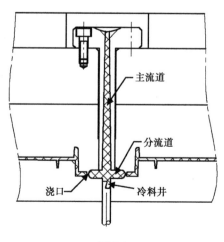

图 5-1

为了更清楚的显示浇注系统的结构,假如我们能够将凝固后的塑料(包括浇注系统凝料和制品)从模具中取出来,那么其结构形式就更加直观了,如图 5-2 所示为浇注系统立体图。

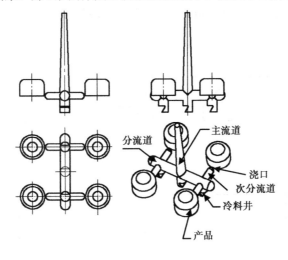

图 5-2

下面我们详细介绍进胶系统的各个组成部分的设计。

5.2 主流道设计

主流道是塑胶熔体到达模具型腔必须通过的第一个通道,也就是浇口套里面的那个锥形通道。由于绝大多数模厂的浇口套是直接购买标准件,因此,设计主流道其实就是确定浇口套的规格和相关尺寸。图 5-3 所示为常用的三种浇口套形式。

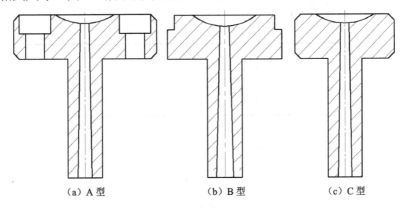

图 5-3

一般情况下浇口套是和定位环组合使用的。常用的定位环和浇口套的组合形式有两种。一种形式如图 5-4 所示,这种形式比较常见,定位环呈现锥形,用两个 M6 的螺钉锁定在底板上,需要注意的是要沉下去 5~8mm;定位环的中心线一般与模具中心线对齐。另外,在上固定板上安装定位环的孔比定位环直径稍大，一般大 0.02~0.03mm。浇口套用定位环压住防止倒退，如果浇口套需要防转，可用销钉做防转设计，如图 5-4 所示。为保证浇口套顺利安装，其与前模底板单边要有 0.5mm 间隙，以方便装配。

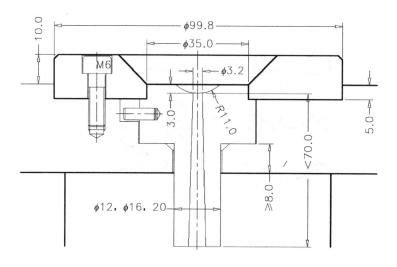

图 5-4

另一种形式如图 5-5 所示。此种形式定位环是直身型，浇口套用螺钉锁在前模板上，这样可有效地缩短主流道的长度。

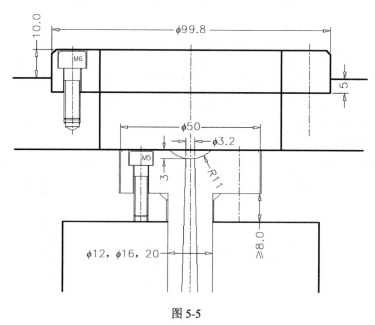

图 5-5

常用的浇口套直径为ϕ12、ϕ16、ϕ20；而定位环的直径为ϕ60、ϕ100、ϕ120、ϕ150；可根据需要进行选择。实际设计时，请参考浇口套和定位环标准件的具体尺寸。

还有很多形式的定位环和浇口套搭配使用的结构，在此不一一讲述。

5.3 分流道设计

分流道是从主流道末端开始到浇口为止的塑胶熔体流动通道,是熔体从浇口套出来后进入模腔前的过渡段。起着改变料流的方向并向各腔均匀输送熔料的作用。

为确保成型效果,要求熔体在沿分流道流动时温度下降尽量小、压力损失尽量小,从这个角度出发,分流道的长度应短,而截面积应大;但为了减少浇注系统的回料量,分流道尺寸也不能大,否则废胶料会很多。因此,实际设计时应结合塑件壁厚、产品形状、结构复杂程度、型腔数目等具体情况综合考虑为佳。

5.3.1 分流道的截面

常用的分流道截面形状一般有四种:圆形、U 形、梯形和半圆形。

1. 圆形流道

如图 5-6 所示,此种流道截面应用最广泛,它具有压力损失和温度损失小的特点,非常利于塑胶熔体的流动及其压力传递。但由于圆形流道需在分型面两侧分别开设,而且要求互相吻合,故加工较困难且加工量大。

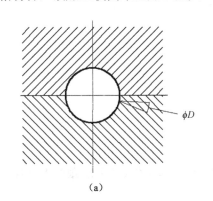
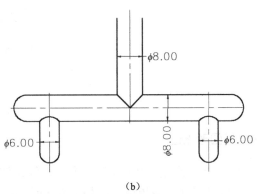

(a)　　　　　　　　　　　　　　　(b)

图 5-6

D 常用的尺寸有(4)、5、(6)、7、(8)、9、(10)、(12)等。注意:()里面的尺寸为最常用的。此外,主分流道(第一分流道)一般比次分流道(第二分流道)大一个等级。例如,当主分流道为$\phi 8$ 时,次分流道就为$\phi 6$。如果产品所用材料不易流动,且产品较大,则可选用较大尺寸,反之则选较小尺寸。

2. U 形流道

U 形截面的流道用得也比较多,它比圆形流道要容易加工,且其粘模力也不大,加工时可用斜度球刀在一块板上铣出来。其斜度一般取 5°～10°;D 常用的尺寸有(4)、5、(6)、7、(8)、9、(10)、(12)等。注意:()里面为最常用的尺寸,如图 5-7 所示。

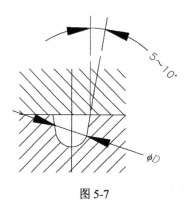

图 5-7

3. 梯形流道

梯形流道也是常用的流道形式。它比圆形和 U 形流道都好加工。可用斜度铣刀在模板上加工出来。在细水口模具中大多采用这种截面的流道。斜度一般取 5°～10°。R 取 1mm。

W 常用的尺寸有（4）、5、(6)、7、(8)、9、(10)、(12) 等。H 常用的尺寸有 3、3.5、(4)、(5)、5.5、(6)、7、(8) 等。注意：() 里面为最常用的尺寸，如图 5-8 所示。

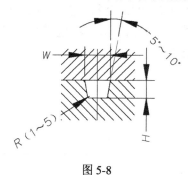

图 5-8

4. 半圆形流道

在实际加工现场，为了加工的方便，经常使用半圆形流道，具体尺寸要求跟圆形一样，只不过它仅开设在一侧模板上，如图 5-9 所示。

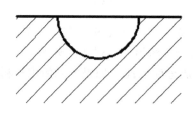

图 5-9

以上列举了常用的四种截面形式的流道，此外还有方形截面、椭圆形截面流道等，这些截面形状的流道由于加工麻烦，塑胶的流道性能也不好等原因，实际应用较少。

5.3.2 分流道的走向布置

在一模多腔的模具中，分流道的设计面临如何使塑料熔体对所有型腔同时填充的问题。如果所有型腔体积形状相同，分流道最好采用等截面和等距离形式；反之，则必须在流速相等条件下，采用不等截面来达到流量不等，使同时填充，还可改变流道长度来调节阻力大小，保证型腔同时填充。

流道有两种布置方式：平衡式和非平衡式。设计时应尽量考虑采用平衡式进胶方案，实在不行，再采用非平衡式。

平衡式进胶就是一模多腔时，从主流道末端到单个型腔的分流道，其长度及截面尺寸都是对应相等的。这种设计可使塑料均衡地充满各个型腔。在加工平衡式分流道时，应特别注意各对应尺寸的一致性，否则就达不到均衡进料的目的，如图 5-10 所示。

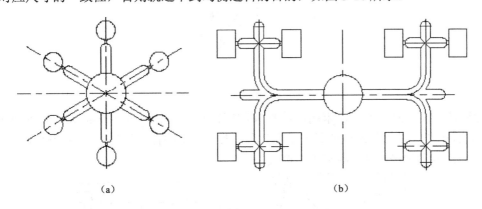

图 5-10

有些情况下，无法做到平衡式进胶，只有采用非平衡式进胶。非平衡式进胶即主流道末端到各个型腔的分流道长度各不相等，如图 5-11 所示。由于产品充模时间不一致，必定会造成生产出的产品有差异，对于要求高的产品，一般是不允许的。但有时采用非平衡式进胶，产品会排得比较紧凑、所占的模具空间小，成本低，且充模速度快、压力损失少，故对要求不高的产品，也可采用这种形式。

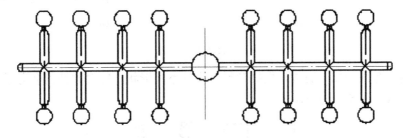

图 5-11

在采用非平衡式进胶的时候，为了尽量达到模具型腔均衡地同时被充满，可通过改变不同型腔的浇口尺寸及流道尺寸来实现。

5.4 冷料井设计

冷料井又称冷料穴，位于主流道和分流道末端用来储存料流前锋的冷料，防止冷料充入模腔而影响制品质量，如图 5-12 所示。冷料井分为主流道冷料井和分流道冷料井。

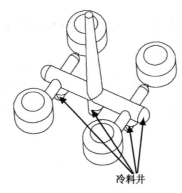

图 5-12

主流道冷料井位于主流道末端，冷料井的底部形状由拉料杆头部构成，如图 5-13 所示。拉料杆的作用是抓住流道使其脱出浇口套，黏附在动模侧（这样才不至于有吸前模的毛病），同时还兼具把浇注系统凝料顶出模具。

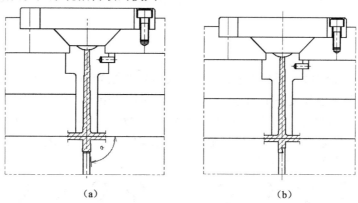

图 5-13

拉料杆通常有顶针加工而成，根据拉料杆头部不同形状，冷料井结构会有不同。常用的拉料杆头部形状如图 5-14 所示。

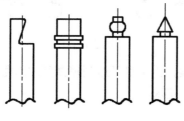

图 5-14

主流道冷料井其形状大体为圆柱形，直径一般与分流道直径相等，或稍大一点即可，深度一般为 5～10mm。在实际设计中常采用 Z 形头拉料杆，其设计细节如图 5-15 所示。

分流道冷料穴位于分流道的末端，其长度一般为 5～8mm，如图 5-16 所示。

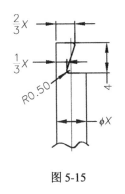

图 5-15

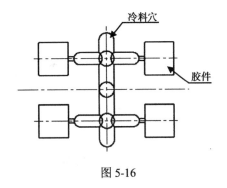

图 5-16

5.5 浇口设计

浇口是塑胶熔体进入模腔的最后一道"门"，其作用如下：

（1）使分流道输送来的熔料在进入型腔时产生加速度，从而快速充满型腔。

（2）成型后浇口处塑料首先冷凝，以防止熔料产生倒流，避免型腔压力下降过快，以致在制件上出现缩孔和凹陷。

（3）成型后便于浇注系统与制件分离。

浇口形式很多，有直接式浇口、侧浇口、潜伏式浇口、针点式浇口、护耳式浇口、扇形浇口、环形浇口、轮辐式浇口、爪形浇口等。此处我们重点介绍常用的直接式浇口、侧浇口、潜伏式浇口。针点式浇口在第 9 章三板模中单独讲解。

5.5.1 直接式浇口

直接式浇口是熔体从主流道直接进入型腔，不经过分流道。其尺寸较大，压力及热量损失较小，较易成形，适合任何塑胶材料，常用于大型单一较深的产品，如水桶、塑胶垃圾箱、垃圾筒等。如图 5-17 所示，这种浇口一次只能成型一个产品。

采用直接式浇口的产品被顶出来后，浇口与产品会叠在一起，即使将浇口切除掉，也会在产品表面留下疤痕，会影响产品外观，如图 5-18 所示。所以直接式浇口的位置选择比较重要，尽量选择不影响外观的地方。

如图 5-19 所示，设计此种浇口时应注意主流道的根部不宜太粗，否则该处的温度高，容易产生缩孔。在成型薄壁制件时，浇口根部的直径不应超过塑件壁厚的两倍。为防止冷料进入模腔，一般要在中心底部设置加工一球形冷料穴，并在浇口位置处前模侧留出一平台，以保证剪除浇口后残留水口不高于制品表面。

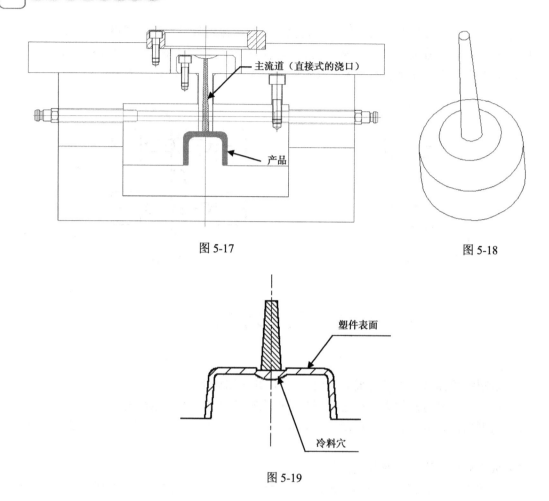

图 5-17　　　　　　　　　　　　　　图 5-18

图 5-19

5.5.2　侧浇口

侧浇口形状比较简单，加工方便，应用很广泛，如图 5-20 所示。适用于众多注塑制品的成型，几乎各种塑胶都可以使用这种浇口形式，侧浇口进胶特别适合一模多腔的模具。采用侧浇口进胶的产品在顶出后也需要进行后处理，并且不可避免的会在产品上留下浇口痕迹。因此，在保证成型效果的前提下，应尽可能地将侧浇口开设在产品上不引起注意的部位。

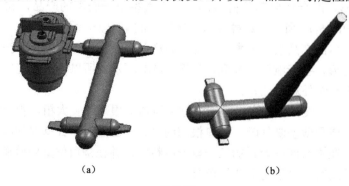

(a)　　　　　　　　　　　　(b)

图 5-20

如图 5-21、图 5-22 所示，侧浇口一般开在分型面上，并从制件边缘进料，即可开设在定模侧也可以开设在动模侧，这尚需根据制品的具体情况而定。

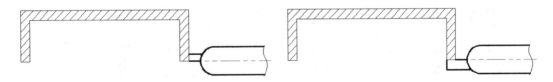

图 5-21　浇口开设在定模侧　　　　　图 5-22　浇口开设在动模侧

注意：侧浇口深度尺寸的微小变化可使塑料熔体的流量发生较大改变，所以侧浇口的尺寸精度对生产效率有很大影响。图 5-23 是常采用的侧浇口设计详图。

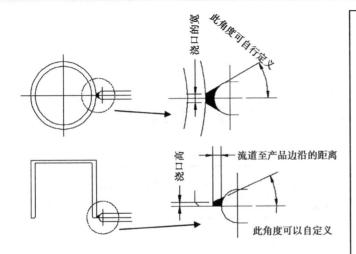

浇口的高一般为0.25～1.5mm，常用尺寸有0.5mm，0.8mm，1mm，1.2mm。

浇口的宽一般为0.5～2mm，常用尺寸有0.8mm，1mm，1.2mm，1.5mm，2mm。

注意：为方便加工和维修，浇口的高和宽的尺寸应偏低一点好。

流道至产品边沿的距离一般为0.8～3mm。常用尺寸有1.2mm，1.5mm，2mm，2.5mm，3mm。

注意：此尺寸要偏大一点好

图 5-23

5.5.3　潜伏式浇口

对于外观及质量要求较高的产品，其表面不能有明显的浇口痕迹，此时可考虑采用潜伏式浇口。潜伏式浇口是通过隧道的形式把浇口开设在塑件的内表面、侧表面或外表面看不见的肋或柱上。潜胶入水点可以做得很小，如果产品表面是纹面，特别是较粗的纹面，潜胶的入水点是几乎看不出来的，很隐蔽。同时在注塑生产时，潜胶会自动断开流道，无需后处理，具备自动化生产的条件。因此，这种形式的进胶应用广泛。

潜浇的入水形式很多，根据产品不同的情况可灵活地选取合适的潜胶入水，如图 5-25 所示为常采用的一种潜顶针形式原理图，即潜胶开在顶针上。

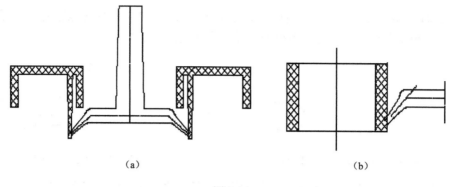

图 5-24

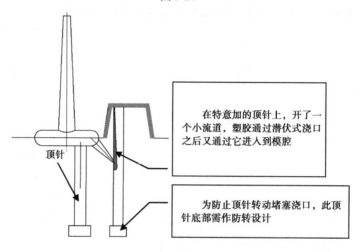

图 5-25

图 5-26 所示为两种具体的潜水进胶设计详图,一个是潜顶针结构,一个是潜产品进胶。仅供参考。

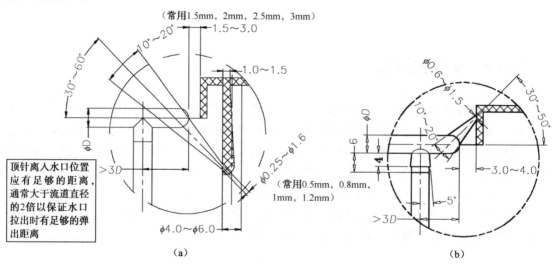

图 5-26

5.6 浇口位置的确定

浇口位置放在哪里比较合适？

这是一个古老的命题，做模具设计首先考虑就是这个。无论新手还是老手对这个问题都不会很草率地做决定。

从理论上来说，浇口位置可以任意选取，只要塑料熔胶能灌进模腔就行。但实际上由于种种条件的限制，例如，产品外观要求、产品功能要求、是否便于模具加工、浇口容不容易去除等诸多因素制约，其位置并非随意来取，往往需要设计人员仔细推敲确定。

以下提供一些浇口位置选择的注意事项，仅供参考。

（1）浇口应尽量开设在不影响塑件外观的位置，尽量选择在分型面上，以便于模具加工及使用时浇口的清理。

（2）浇口位置应开设在塑件截面最厚处，这样利于熔体填充及补料。如图 5-27 所示，图 5-27（a）所示的浇口开在薄壁处，由于塑件厚薄不均匀，收缩时得不到补料，塑件会出现凹痕等缺陷；图 5-27（b）所示的浇口选在厚壁处，浇口处冷却较慢，塑件内部容易得到补料，故不易出现凹痕等缺陷。

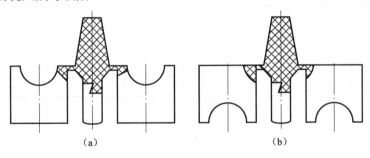

图 5-27

（3）浇口位置距型腔各个部位的距离应尽量一致，并使熔料充模流程最短，流向变化最小，能量损失最小，一般浇口处于塑件中心处效果较好。如图 5-28 所示，图 5-28（a）未处于产品中心；图 5-28（b）处于产品中心，充模效果好。

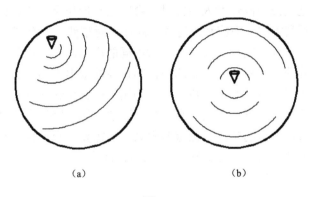

图 5-28

（4）对于有型芯或嵌件的塑件，特别是有细长型芯的筒形塑件，浇口位置应当离细小的型芯或嵌件较远，避免熔料直接冲击导致型芯或嵌件变形。

（5）浇口的数量切忌过多，若从几个浇口进入型腔，产生熔接痕的可能性会大大增加，如无特殊需要，不要设置两个以上浇口，如图5-29所示。

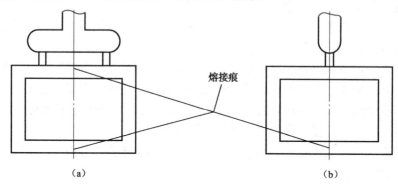

图 5-29

（6）浇口位置应开设在正对型腔壁或粗大型芯的位置，使高速熔料流直接冲击在型腔或型芯壁上，从而改变流向、降低流速，平稳地充满型腔，如图5-30所示。

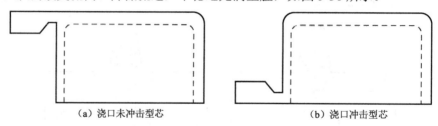

图 5-30

（7）浇口的位置应有利于型腔内气体的排出，若进入型腔的熔料过早地封闭了排气系统，会使型腔中的气体难以排出，以至影响制品质量。

（8）浇口的位置应避免引起熔体断裂的现象，当小浇口正对着宽度和厚度很大的型腔时，高速熔料通过浇口时会受到很高的剪切应力，由此产生喷射和蠕动等熔体断裂现象，喷射的熔体易造成折叠，从而使制品上产生波纹痕迹。

（9）塑料熔体在通过浇口高速射入型腔时，会产生定向作用，浇口位置应尽量避免高分子的定向作用产生的不利影响，而应利用这种定向作用对塑件产生有利影响。

以上简述了浇口位置选择的一些要点，面对不同的产品，在应用时可能会产生矛盾，这需根据实际情况灵活处理。具有丰富经验的设计师往往能根据不同产品的各自特点确定出合理的浇口位置，见得多了，自然心中有数。但作为初学模具设计的读者来说，面对一个产品能准确而快速的确定其浇口位置并不是一个容易的事情，这是因为实践设计经验太过匮乏，这也是一个正常的现象，知识的掌握，经验的积累，皆需要一个过程。希望读者朋友能多参考别人设计的模具，多到加工现场去了解，多积累设计经验。

5.7 排气系统的设计

合理的排气系统对制品成型质量起着重要作用,如果模具的排气系统不通畅,则可能出现填充不足、熔接痕、烧伤等成型缺陷。排气的方式主要有以下几种。

(1) 利用排气槽

排气槽一般设在流道的末端,以及型腔最后被充满的部位。排气槽的深度因塑料的不同而异,基本上是以塑料不产生飞边时所允许的最大间隙来确定,如图 5-31 所示。

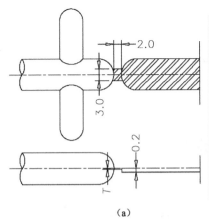
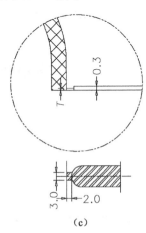

材料	T/mm	材料	T/mm
PE	0.02	PMMA	0.02
PP	0.01~0.02	PA	0.01
PS	0.02	PPS	0.02
SB	0.02	PC+GF	0.02
ABS+GF	0.02	PC	0.015
ABS	0.015	PBT	0.01
PPO	0.02	SAN	0.02
POM	0.01		
POM+GF	0.015		

(a)　　　　　　　　　(b)　　　　　　　　　(c)

图 5-31

(2) 利用镶件、顶针或专用的透气材料进行排气。

这种情况比较多,因为镶件和顶针孔,都有间隙,都可以排气。所以对大多数普通模具来说,除了特殊情况外,一般不特意地做排气槽。

思 考 题

设计图 5-32 所示模具的进胶系统。具体要求如下:
(1) 一模两腔;
(2) 比例:1:1 绘图;
(3) 产品不考虑缩水,不拔模;
(4) 进胶方式限定为侧浇口进胶;
(5) 不要求设计运水、顶出等。不标数。明细表不要求。

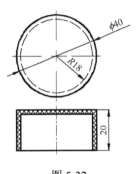

图 5-32

第 6 章 顶出系统设计

制品成型之后如何从模具中取出来?这是需要考虑的问题。模具结构中承担这个任务的机构是顶出系统。顶出系统要保证制品从模具中安全、顺利、无损伤地被"取"出来,除此之外该装置还须保证模具闭合时,不与其他零件发生干涉地回复到顶出前的初始位置,以便能够重复不断地成型加工。

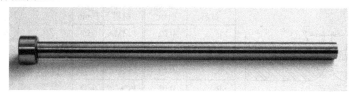

6.1 顶出过程

如前面章节所述,产品从注射到顶出是一个完整的过程,其中包括了三个环节:合模状态、开模状态、顶出状态。下面以一个简单的图例来说明顶出系统的工作过程。

1. 合模状态

模具在注塑机上被打开之前的状态,称为合模状态,如图 6-1 所示。这期间包括注塑机对模具型腔的注射填充及塑件的固化冷却阶段等。

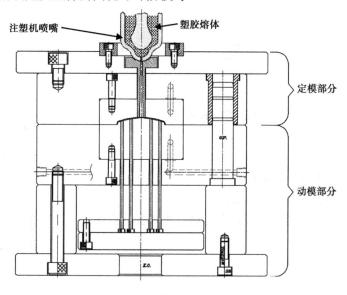

图 6-1

2. 开模状态

注塑完毕之后，进入开模状态，模具的动模部分在注塑机移动模板的带动下，与定模部分分开，产品留在动模上，如图 6-2 所示。

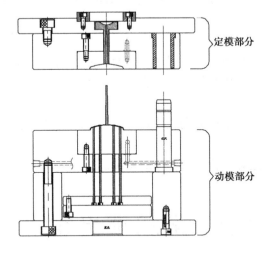

图 6-2

3. 顶出状态

如图 6-3 所示，当开模至一定距离后（由注塑机控制），注塑机移动模板将停止不动，而注塑机的顶棍将推动模具的顶出板运动，顶出板固定的顶出结构（如顶针等）将随顶出板一起运动，从而把制品顶出，被顶出的产品在自身的重力作用下自动掉落。顶出产品后，模具又开始合模，注塑机又进行注塑，又产生了开模，顶出产品等过程，周而复始，从而使得模具可以自动化地循环生产。

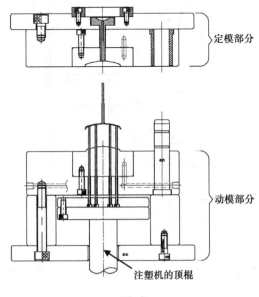

图 6-3

以上即是产品的顶出过程，具体设计时我们还需细化以下几个方面。

1）制品的留模形式

这里指的是产品留在前模还是留在后模。通常，注塑机的顶出机构是设置在动模板一侧的，因此，大多数的模具顶出系统是安装在模具动模部分的。产品要尽可能地留在动模，否则，模具结构将趋于复杂。

2）采用何种顶出方式

顶出方式有很多种，要根据不同产品的要求有针对性的选择顶出方式。在保证产品能够安全、顺利顶出的前提下，顶出系统要简单实用、灵活可靠。

3）要顶出多少距离

产品需要顶出多少距离才能够顺利从模具中脱出，即顶出行程的计算。

4）模具如何复位

产品顶出后，顶出板还要复位，这样才能够满足继续生产。

6.2　常用顶出结构

6.2.1　顶针顶出

顶针，也称顶杆、推杆、顶出销等。顶针是最常用、最简单的一种形式，广泛应用于各类塑件。其不足之处在于顶出面积较小，容易引起应力集中而顶坏塑件。图 6-4 是一个典型的顶针顶出例子，通过注塑机上的定棍顶动模具的顶出板，顶出板带动固定在其上的顶针将制品顶出。

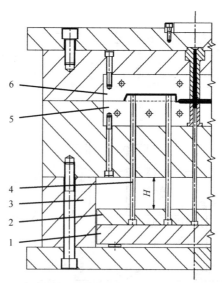

1—下顶出板；2—上顶出板；3—支撑脚；4—圆顶针；5—动模仁；6—定模仁

图 6-4

1. 顶针的形式

顶针的形式简单的分有直杆式和阶梯式；截面有圆形、方形和异形三种。在实际设计时，多采用简单的直杆圆顶针，如图 6-5 所示。

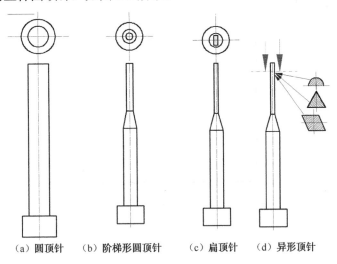

（a）圆顶针　　（b）阶梯形圆顶针　　（c）扁顶针　　（d）异形顶针

图 6-5

在采用顶针时，能够用直杆式顶针就不要用阶梯式顶针，但当直径小于 2mm 时，最好运用阶梯式顶针，也称为有托顶针，这样顶出有力，顶针才不会因强度不够而弯曲变形；能用圆形顶针就不要用扁形顶针，更不要用异形顶针。越简单越好，这样方便加工，也方便装配。

2. 顶针的排位设计

在 2D 排位时，如采用顶针顶出，则需考虑的第一个问题就是顶针的位置选取在哪里合适？

顶针要布置在产品难以脱模的部位，且要均匀布置，使产品受力均匀，以免顶出时产品发生变形；尽量避免分布在制品的薄平面上，以防止顶破、顶白或变形。如图 6-6 所示，图 6-6（a）不正确，顶针布置在产品中间部位不合适，即使把产品顶破，也不一定顶出产品；图 6-6（b）正确，顶针均匀布置在产品四侧脱模阻力大的部位。

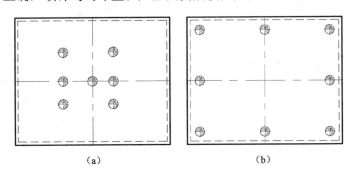

（a）　　　　　　　　　　（b）

图 6-6

如图 6-7 所示，在选择顶针规格时，首先应根据产品的大小来选择合适的顶针；为方便加工顶针孔，顶针规格应尽可能的少，如本例都取 $\phi6$ 的顶针，同时尾数带 0.5 的规格尽量不用；顶针孔应避免与其他构件发生干涉，一般要保持 4mm 左右的距离；在产品内部顶针离模仁边至少也要有 2mm 的距离。

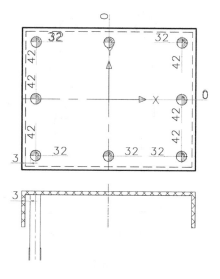

图 6-7

实际设计时，为方便钳工加工，一般顶针孔位置在不影响顶出效果的前提下，要以模具中心为坐标中心取整数。因此，在排位时可先大致排一下顶针位置，然后再微调使其坐标取整数。

当圆顶针无法满足特殊要求时（如制品内部有特殊筋、骨、槽位等），如图 6-8 所示。需要使用扁顶针。扁顶针除了能够替代圆顶针用于顶出外，还有一个重要的作用，即在产品骨位很深的情况下，可以起到排气作用，避免了走胶不齐的状况发生。

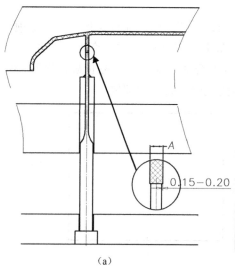
（a）

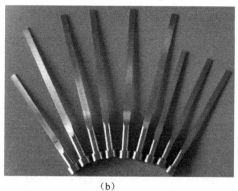
（b）

图 6-8

当顶针所顶出的胶位面不是平面，而是斜面或曲面时，顶针需要做防转处理，如图 6-9 所示。

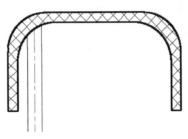

图 6-9

通常有两种方法，一是顶针下端加防转销钉；二是顶针下端削边定位，如图 6-10 所示。

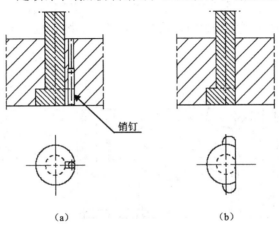

图 6-10

6.2.2 顶板顶出

顶板也称推板、脱料板，它是一整块板在分型面处沿着制品周边将制品顶出，也是一种常用的顶出方式，尤其用在一些壳体类、环形类或盒形产品上。对于一些特殊产品如表面不许有顶针痕迹的情况下（如透明盖），也可采用顶板顶出。

顶板顶出的特点：推出力大且均匀，运动平衡稳定，制品不易变形且几乎不留顶出痕迹。

设计要点如下。

（1）顶板与回针通过螺钉固定在一起，为防止螺钉在频繁的顶出动作中松动，通常在螺钉下加装垫圈锁紧；顶出时，顶出板带动回针，回针推动顶板把产品顶出模具。

（2）顶板是由导柱导向的，在顶出的过程中，顶板要始终"挂在"导柱上，因而导柱的长度要足够。

（3）顶板与动模镶件为锥面配合，锥度可取 3°～5°，配合长度（封胶距离）最少要留 10mm，一般取 20～25mm，其他部位可做避空处理，这样既方便加工，也使得顶板推动灵活，且不易擦伤镶件。顶板内侧与产品胶位内边要有 0.3mm 的距离，以防顶出时顶板刮到动模镶件，如图 6-11 所示。

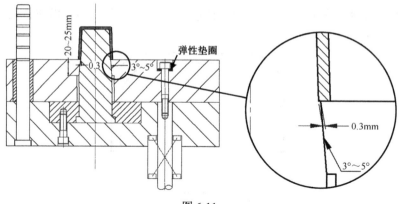

图 6-11

当模具精度较高或制品产量较大时，为防止顶板与型芯频繁摩擦发生咬蚀，可把顶板与型芯接触处用淬火处理的钢或黄铜材料做成镶件结构，如图 6-12 所示。

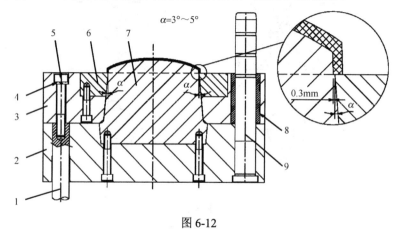

图 6-12

1—回针；2—动模板；3—推板；4—弹簧垫圈；5—螺钉；6—推板镶件；7—动模镶件；8—导套；9—导柱

6.2.3 司筒顶出

司筒也称为顶管、推管。司筒顶出时顶出力大且均匀，当产品上有圆形的通孔或盲孔，而胶位又必须设置顶出时，采用司筒顶出很适合，如图 6-13 所示。

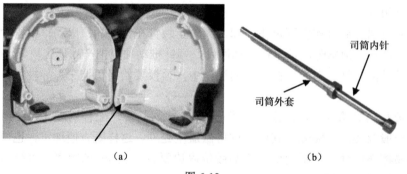

图 6-13

司筒结构分为内针和外套，其中内针用于成型，固定在动模固定板上；司筒外套用于顶出，固定在顶针板上。顶出的时候，随着注塑机定棍顶动顶针板，从而带动司筒将塑件从司筒内针上脱出，如图 6-14 所示。

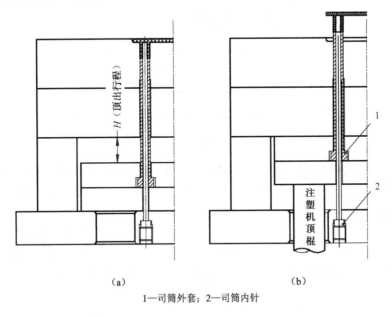

1—司筒外套；2—司筒内针

图 6-14

司筒内针可用无头螺钉直接压紧，如司筒的数量很多，则可采用压板固定；一般情况下，司筒很少单独使用，往往是和其他顶出方式（如顶针等）一起使用的。另外由于司筒的价格较贵，有些小厂从成本角度考虑，在不至于影响产品顶出的前提下，对于要求不高的模具就在柱位两侧布置顶针来替代司筒顶出，效果也可以。

6.3 顶出行程的计算

顶出行程指的是产品在开模后被顶出的距离，也就是产品要顶多高，才能脱模。由于模具在注塑机上是"侧着身"放的，因而在很多情况下，产品只需要顶出一定距离，即可凭其重力脱落，如图 6-15 所示。

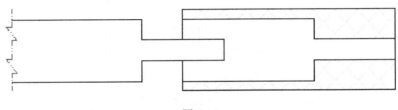

图 6-15

顶出行程的计算直接关系到模架的订购，它将决定 C 板的高度，如图 6-16 所示。

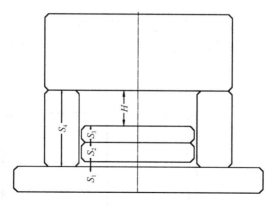

图 6-16

图 6-16 中，S_4 为标准模架里面 C 板的高度；H 为顶出行程；S_1 为垃圾钉之厚度，一般为 5mm；S_1、S_2 为上、下顶出板的厚度，一般情况下，S_1、S_2 为 15～20mm；因此，C 板的高度将随 H 而变化。

实际设计时，为安全起见，顶出行程往往会取大一些，可按如下公式来算：

$$H（顶出行程）= L（产品高度）+ 安全余量（5～10mm）。$$

式中，L 为产品高度，这个产品高度是产品在开模方向上的最高点到最底点的距离，如图 6-17 所示。

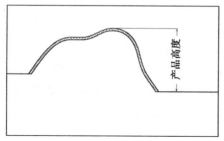

图 6-17

有些情况下，定购的模架里面的顶出行程 H 太大，即模具可以走的行程大于模具实际应该走的距离，不需要这么多，怎么办？

这个问题可以通过设计限位装置来解决，如图 6-18 所示。

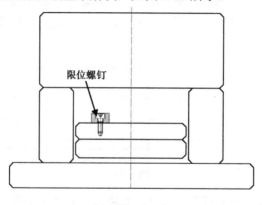

图 6-18

这种限位装置实际上很简单,就是做个限位块,里面锁螺钉,固定在顶出板上或B板上进行限位。螺钉可用M6或M8的。限位块设计尺寸可参考图6-19。

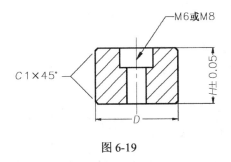

图 6-19

D 的尺寸常取 $\phi 20$、$\phi 30$。限位块一般布置四个,其位置应在顶出板上均匀分布。

6.4 复位机构

若要满足连续的生产,顶出板在被顶出之后还需复位,这样才能继续下一次的顶出,重复循环生产。通常情况下模具是采用回针复位的,回针固定在顶出板上,顶出时,回针随同顶针板运动,顶出结束,复位时前模压退回针,从而使顶出板复位。其工作原理如图 6-20 所示。

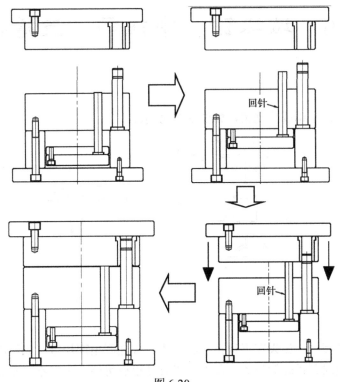

图 6-20

标准模架里面都带有回针，无需再行设计。但在实际应用中，通常辅以弹簧来加强顶针板复位，如图 6-21 所示。

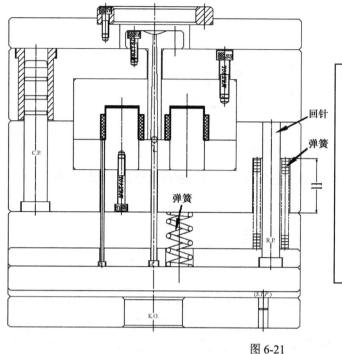

弹簧复位是较常用的复位方式，但由于摩擦，晃动以及弹簧疲劳等原因，有时易导致复位不精确甚至失灵，所以对于大中型模具要充分考虑弹簧的可靠性。

弹簧一般是套在回针上的，然后在 B 板上开设有弹簧孔，以放置弹簧；有时也可以放置在顶针板上，但要注意别和其他构件发生干涉。

弹簧孔直径应大于弹簧直径 1~2mm 之间，藏入 B 板深度最少为 20~30mm

图 6-21

6.5 垃圾钉、中托司、支撑柱

1. 垃圾钉

垃圾钉，又称停止销或止动销，如图 6-22 所示。

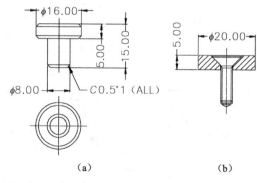

图 6-22

在模具工作过程中，如果在下顶出板和动模底板之间出现垃圾（如塑料，铁屑等），则可能使顶出板不能回到正确的位置，再次顶出时顶出板可能会出现不平稳状态，严重的情况会使顶针发生扭曲甚至折断。

为避免此种情况发生，通常在模具中放置垃圾钉，如图 6-23 所示。

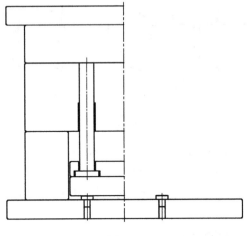

图 6-23

具体设计时，数量可按顶针板上的螺钉数量来取，一般是其 1.5～2 倍，如四颗螺钉可放 6～8 粒垃圾钉；其理想的布置位置是回针之下，当然也可根据情况均匀布置在动模底板或下顶出板上；一般来说，2530 以下的模架用 ϕ12mm 的垃圾钉即可；大于 2530 以上的模架可用 ϕ16mm 或 ϕ20mm 的垃圾钉。

2. 中托司

中托司是业界的俗称，其实就是"顶针板导柱"。为保证顶出平衡顺利无偏差，需要在顶针板间设置导柱与导套，这就是中托司。它的作用与动/定模之间的导柱导套一样。

中托司有不同的安装方式，如图 6-24 所示。

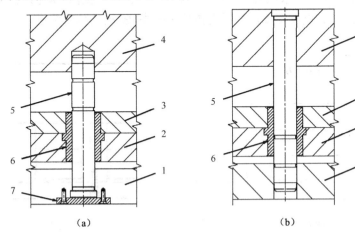

图 6-24

1—动模固定板；2—下顶针板；3—上顶针板；4—动模垫板；5—导柱；6—导套；7—压板

常用中托司的规格为 ϕ16、ϕ20、ϕ25、ϕ30；数量按模具的大小尺寸来定，一般为 2 支或 4 支；分布的位置要以模具中心平衡分布。注意：顶出板导柱要深入动模板里面 10～15mm，如图 6-25 所示。

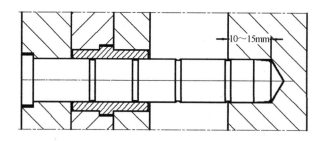

图 6-25

中托司能够保证顶出平稳可靠，是个好东西，但并非每套模具都需要用中托司，实际设计时，当出现如下情况，则可考虑采用中托司。

（1）顶针比较细（ϕ2.5mm 以下）且较多时（以 30 只为界）。
（2）采用司筒顶出时。
（3）采用模架尺寸大于 3535 时。
（4）采用斜顶顶出，且斜顶很单薄时。
（5）二次顶出，或三个以上的板需要出时。
（6）出口模，精密模。
（7）客户有要求时。

3．支撑柱

支撑柱也称为撑头。应用很广泛，常用于此种情况：当模具的外型尺寸比较大时，两支撑脚之间的间距相对较大，注射机注塑时的巨大压力将传递到 B 板，有可能致其弯曲、变形，如图 6-26 所示。

虽然可以加大 B 板厚度来抵抗变形，但这样一来模具的制造成本无疑会增大，所以常用的解决办法就是给予 B 板以支撑，即用支撑柱来提高 B 板的抗弯强度，简单实用效果好，如图 6-27 所示。

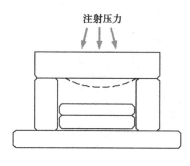

图 6-26

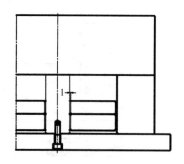

图 6-27

（1）支撑柱属于非标准件，需要自己设计加工，其外形一般为圆形，如果采用圆形的支撑柱发现位置不够（如狭窄部位），但又必须需要支撑，那么可以根据情况采用方撑头。

（2）支撑柱的大小一般不小于ϕ20，小于 20mm 的支撑柱一般不做。

（3）支撑柱一般采用螺钉（常用 M6、M8）固定在后模定板上，其位置应尽可能地靠近产品，为防止干涉，支撑柱避空孔的边缘应与各部件保持在 4mm 以上。

（4）顶针板上的撑头孔直径要比支撑柱直径大 2mm，支撑柱的长度等于支撑脚的高度加上 0.1mm 或 0.2mm，此尺寸只须在明细表内注明，模具图里面画的时候可使支撑柱与支撑脚同高。

思 考 题

如图 6-28 所示，设计要点如下：
① 一模两腔；
② 进胶方式限定为潜水进胶；
③ 1:1 绘图；
④ 设计顶出系统；
⑤ 绘制组立图；
备注：不要求标数，BOM 表。

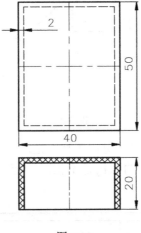

图 6-28

第 7 章 侧抽芯系统设计

在实际注塑生产中,产品的结构千变万化,不是所有的注塑产品在被顶出时都能简单地沿开模方向一次顶出完事,往往根据产品结构需要附加一些"小动作",才能保证产品顺利地脱模。

如图 7-1 所示,此处产品是一个方形的塑料盒子,其顶面和侧面各有一个通孔,在成型的时候,通孔部分是金属材料,无论塑件是留在定模还是动模,由于侧孔部分的金属阻挡,塑件均无法脱出模具型腔。

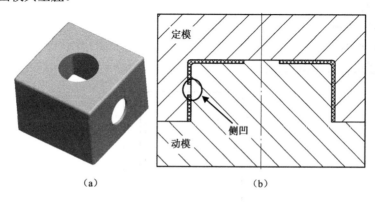

图 7-1

类似的情况在各种塑料制品中很常见,工程上把这些阻挡产品沿开模方向正常脱出的部位称为"死角"或倒扣。由于产品的结构各不相同,死角在产品中出现的形式也是多种多样,图 7-2 所圈部位均为死角部位。

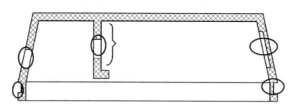

图 7-2

很显然,必须首先将死角部位的金属材料"抠除",才能将塑件从模具中顶出来,我们把这套机构称为模具的侧抽芯系统。

在工程中,处理死角的方式有很多种:滑块、斜顶、油压缸、齿轮处理机构等。本章重点讲述两种常用的侧抽芯机构设计:滑块与斜顶。

行位和斜顶是模具结构中处理制品倒扣的两种重要结构形式,随着制品形状复杂程度不同,其各自的结构形式更是多变。本章所述仅是最基本的设计方法,读者若要提高自身设计水平,还需在工程实践中不断努力,及时总结设计经验。

7.1 滑块的设计

滑块也称行位,是解决侧向分型的一个重要而常见的机构。请仔细考虑一下前面图 7-1 所示产品的顶出方式。模具打开后,必须首先将侧凹里面的金属材料抽出来,才能顺利地顶出制品。这个思路可用图 7-3 来表示。

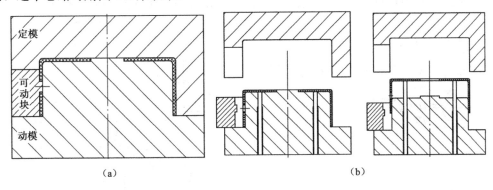

图 7-3

将侧凹的金属材料做成可动块的形式,可动块移动,从而将侧凹孔里面的金属材料抽出,产品即可顺利顶出。

7.1.1 滑块动作原理

要驱动可动块移动,必须给其以动力。假如可动块的动力来源于一个圆棒,这个圆棒被固定在定模上,随着模具开模带动圆棒竖直运动,可动块在圆棒的作用下,被迫沿水平方向移动,从而可以将金属材料从塑件侧凹里面退出,达到处理死角的目的,如图 7-4 所示。

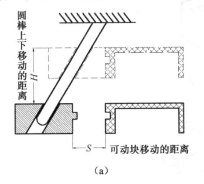
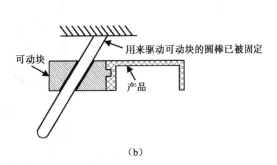

图 7-4

以上是用可动块处理侧凹的想象图,如果要正规设计,还需进一步明确许多细节,例如,可动块的结构形式是怎样的、如何保证其运动平稳可靠、移动多少距离、驱动可动块的圆棒又是如何固定的呢、如何保证可动块复位呢等。

在实际模具设计中,是由一个称为滑块的零件充当可动块;而驱动滑块的圆棒,则称为斜导柱,就是这个滑块和斜导柱及其他附属部件共同构成了一个处理侧凹的抽芯机构。

如图 7-5 所示,斜导柱固定在前模,在模具闭合状态下,斜导柱插入到滑块里面,滑块头部用于成型侧凹孔,滑块在锁紧块压迫下不得动弹,此时弹簧也处于受压状态;开模时,动、定模分开,锁紧块离开滑块,同时斜导柱驱动滑块在动模板上移动,弹簧的回弹也加强了这一移动动作。待滑块移动一定距离后(最起码脱出扣位),滑块碰到限位螺钉,停止不动,弹簧持续的弹力也将保证它停在定位螺钉处,以防止斜导柱复位时发生撞车。

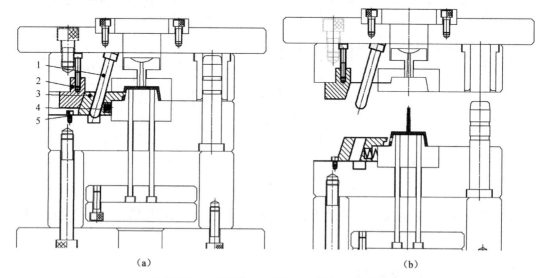

1—斜导柱;2—锁紧块;3—滑块;4—弹簧;5—限位螺钉

图 7-5

图 7-6 为实际模具滑块示意图。

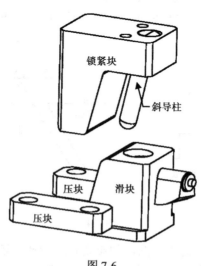

图 7-6

7.1.2 滑块本体设计

在斜导柱滑块抽芯系统的设计中，滑块本体的设计是个重点。按滑块本体的功能可分为两大部分：成型部分和机体部分。

成型部分是用来成型制品扣位的，其形状根据扣位的形状而不同，成型部分可以是滑块本体的一部分，即滑块做成整体；也可以把成型部分单独做成镶件的形式，从而和滑块的机体部分连在一起。为叙述方便起见，我们以整体式为例来讲解滑块的设计。图 7-7 即是一个整体式滑块。

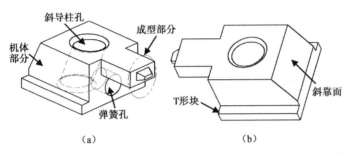

图 7-7

机体部分包括斜导柱孔、T 形块（导滑部分）、弹簧孔、斜靠面等，这些部分有其特殊的功能，不可缺少。无论什么形式的滑块，其外形结构基本上都大致如此（图 7-8）。

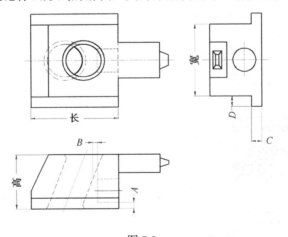

图 7-8

（1）滑块的长、宽、高并无限定之尺寸，这个要根据产品的具体情况来定，但是它们之间的比例应该协调。一般来说：假如滑块的高为 H 的话，那么滑块的长应为 $(1.3\sim1.5)H$；滑块的宽在满足包住胶位的前提下要大于等于 $2/3H$（但应注意不要超过滑块长的四倍）；

（2）T 形块的宽和高，即 $D\times C$ 一般为 3mm×5mm、4mm×4mm 等；

（3）弹簧孔的直径要大于所选弹簧直径 1~2mm，为保证滑块强度，弹簧孔到各处的距离（如 A 和 B）最少要保持 4mm；

（4）滑块的斜靠面要与锁紧块相靠，其主要的作用是使滑块定位，其斜度可参考斜导柱的斜度来算，当斜导柱的斜度为 $\alpha°$，则斜靠面的斜度为 $\alpha°+2°$；

（5）斜导柱孔要与斜导柱相配合，其位置应大致位于滑块顶面的中心位置，斜导柱孔的斜度即是斜导柱的斜度。其计算公式为 $\alpha=\arctan$（滑块行程/顶出行程），计算结果取整数。α 一般取 $18°\sim22°$。

有时候滑块的成型部分需要单独制作，即做成镶件的形式。这样不仅方便加工，也能使成型部位可用好的材料代替。镶件与滑块的连接方式有很多种，如表 7-1 所示。

表 7-1

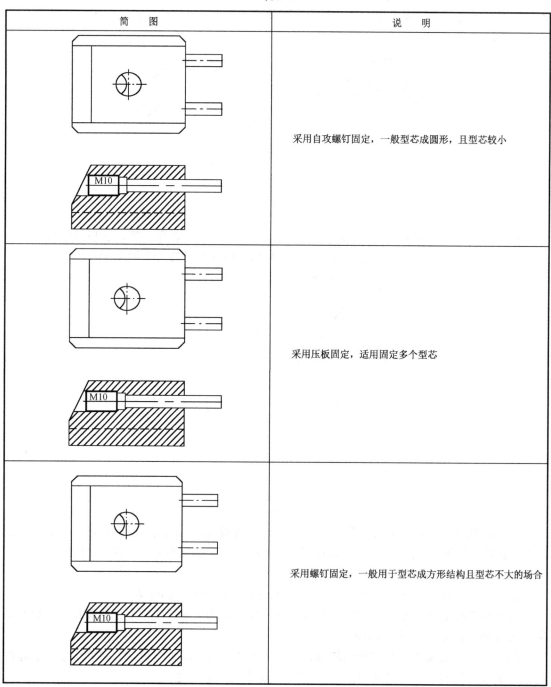

简　图	说　明
	采用自攻螺钉固定，一般型芯成圆形，且型芯较小
	采用压板固定，适用固定多个型芯
	采用螺钉固定，一般用于型芯成方形结构且型芯不大的场合

7.1.3 斜导柱设计

斜导柱驱动滑块抽芯为常用的结构，这种结构的特点是结构紧凑，动作安全可靠，加工简便。

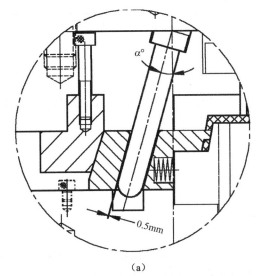
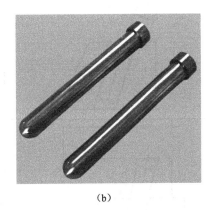

(a)   (b)

图 7-9

设计要点如下。

（1）斜导柱在开、闭模过程中，只是拨动滑块沿分型或抽芯方向作往返运动，并不承担对滑块的锁紧作用，因此为避免在运动中与锁紧块互相影响，特规定斜导柱与滑块中的导柱孔之间最小间隙为 0.5mm。

（2）斜导柱常用规格为 $\phi8$、$\phi10$、$\phi12$、$\phi14$、$\phi16$、$\phi20$，其长度由抽芯距离，滑块的高度及固定斜导柱的模板厚度决定。

（3）斜导柱的斜度（α 角）最大不可超过 25°，最小不要小于 10°，（通常为 25°、23°、20°、18°、15°、12°、10°），并且为防止在开模时，斜导柱与滑块互相干涉而出现卡死使滑块运动受阻现象，锁紧块角度应略大于斜导柱 2°～5°。

（4）为使斜导柱能顺利插入导柱孔，斜导柱头部需倒圆角，同时导柱孔应有一定的倒角，（斜导柱的倒角较大时，会影响滑块行程，所以在设计斜导柱长度时，要加上一定的保险值）。

（5）斜导柱视滑块之大小做一两个，一般情况下当滑块宽度超过 60mm 时，应采用两个或以上斜导柱，加工时，两个斜导柱及导柱孔的各项参数应一致。

（6）多数情况下，斜导柱是穿过滑块的，这时需要在模板上为斜导柱头部避空。

斜导柱和滑块在模具上的安装位置不同，有如下四种情况。

（1）斜导柱在前模、滑块在后模。

（2）斜导柱在后模、滑块在前模。

（3）斜导柱、滑块同在前模。

（4）斜导柱、滑块同在后模。

实际设计时，具体采用何种形式需要根据产品的特点来选择。由于斜导柱在前模、滑块在后模这种抽芯结构形式很普遍很常见，故本章重点讲解这种结构形式。斜导柱在前模的固定方式有多种，常见的固定形式见表 7-2。

表 7-2

简　图	说　　明
	适宜用在模板较薄，而且是前模底板与前模板不分开的情况下使用。配合面较长，稳定性好
	适宜用在模板厚、模具空间大的情况下使用。两板模、三板模均可使用。配合面 $L \geq 1.5D$（D 为斜导柱直径），稳定性较好
	适宜用在模板较厚的情况下，且两板模、三板模均可使用，配合面 $L \geq 1.5D$（D 为斜导柱直径），稳定性不好，加工困难
	适宜用在模板较薄，且前模底板与前模板可分开的情况下使用。配合面较长，稳定较好

7.1.4 锁紧块设计

锁紧块也称铲鸡、铲基。注塑成型时塑料熔体对模具型腔的压力之大，足以使得滑块发生移动，为抵抗这种力量，单靠斜导柱微弱的定位力量显然不够，这就需要设计锁紧装置来保证成型过程中滑块纹丝不动，而在合模时，锁紧块的推动力量也可使滑块复位。如图 7-10 所示。

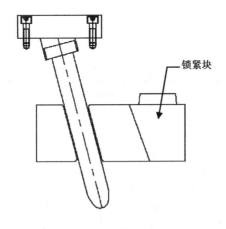

图 7-10

锁紧块的具体设计尺寸可参考图 7-11 所示。因为锁紧块是靠在滑块的斜靠面上才能起到作用，其宽度 L 一般比滑块的宽度小 1～2mm。

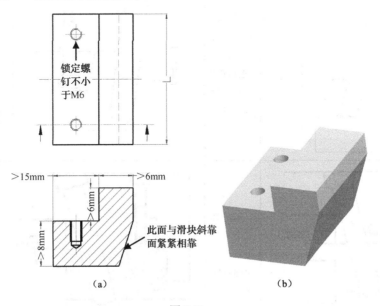

图 7-11

锁紧块的固定形式有很多种，常用的形式见表 7-3。

表 7-3

简 图	说 明	简 图	说 明
	采用镶拼式锁紧方式，结构强度好，适用于锁紧力较大的场合		采用嵌入式锁紧方式，适用于较宽的滑块
	采用整体式锁紧方式，结构刚性好但加工困难，脱模距小适用于小型模具		采用嵌入式锁紧方式，适用于较宽的滑块
	采用拔动兼止动，稳定性较差，一般用在滑块空间较小的情况下		采用镶式锁紧方式，刚性较好，一般适用于空间较大的场合
	采用镶式方式，可灵活变化螺钉位置		采用镶式锁紧方式，刚性好，较常采用

7.1.5 滑块压板设计

滑块在运动过程中要求平稳、准确，因此必须要给滑块设计导向装置。可直接在模板上开设滑槽，如图 7-12 所示。

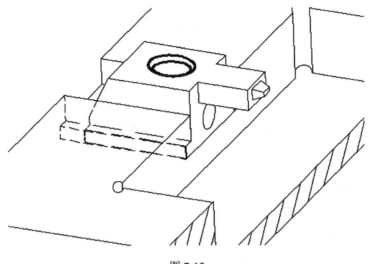

图 7-12

原身 T 形槽的形式适合简单且小型的滑块，滑槽用 T 形刀直接在模板上加工出来的，这种形式的滑槽一旦不合适，加工修改将很麻烦。目前，比较广泛采用的是压板 T 形槽形式，压板单独加工，如图 7-13 所示。

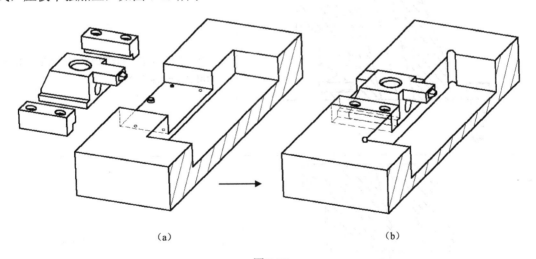

（a） （b）

图 7-13

压板的宽 B 和高 A 一般不小于 15mm，长度 L 一般为模仁边至模板边的距离。可用两个或多个螺钉进行锁定，螺钉不要小于 M6。具体参数请参照图 7-14 所示。

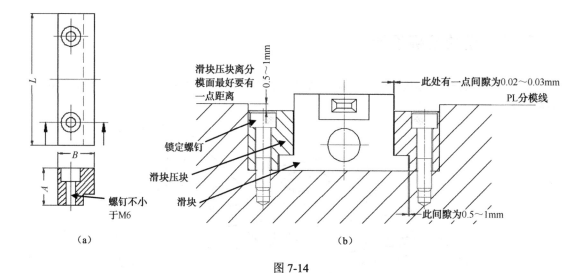

图 7-14

7.1.6 滑块限位设计

滑块在斜导柱的驱动下进行抽芯，完成侧向移动后，需要在指定的位置停止，方能保证其顺利复位。常用的定位装置见表 7-4。

表 7-4

简　图	说　明
	利用弹簧和螺钉定位。弹簧强度为滑块质量的 1.5～2 倍，常用于向上和侧向抽芯
	利用弹簧和钢球定位。一般用在滑块较小的场合，用于侧向抽芯

第 7 章 侧抽芯系统设计

续表

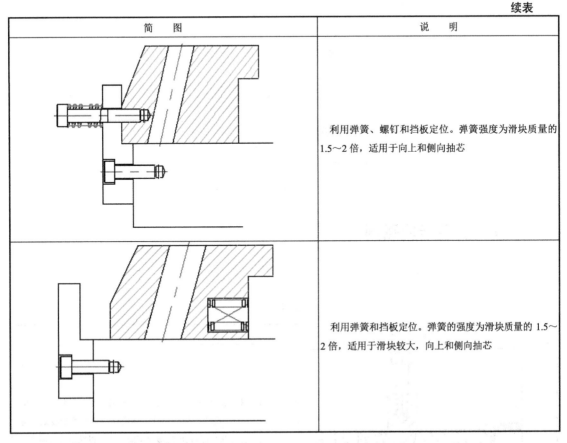

简　图	说　明
	利用弹簧、螺钉和挡板定位。弹簧强度为滑块质量的 1.5～2 倍，适用于向上和侧向抽芯
	利用弹簧和挡板定位。弹簧的强度为滑块质量的 1.5～2 倍，适用于滑块较大，向上和侧向抽芯

开模后滑块在斜导柱的驱动下移动，当碰到停止销（定位螺钉）后不再移动。SL 这个距离称为滑块行程。SL=产品的死角大小+安全余量（2～3）mm。通常停止销的沉头需要沉到模板平面以下 0.5～1mm。可用不小于 M6 的螺钉来代替停止销，如图 7-15 所示。

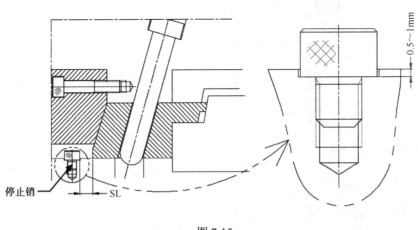

图 7-15

在某些特殊情况下，也可在模板上直接铣出定位台阶，对滑块进行限位，如图 7-16 所示。

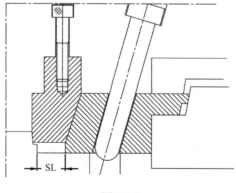

图 7-16

7.1.7 典型滑块图例

典型滑块图例见表 7-5。

表 7-5

简 图	说 明
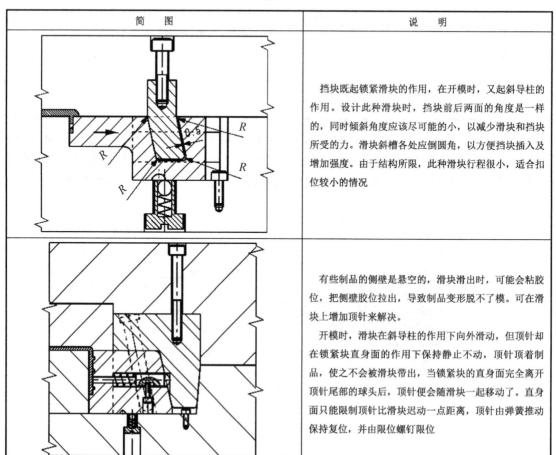	挡块既起锁紧滑块的作用，在开模时，又起斜导柱的作用。设计此种滑块时，挡块前后两面的角度是一样的，同时倾斜角度应该尽可能的小，以减少滑块和挡块所受的力。滑块斜槽各处应倒圆角，以方便挡块插入及增加强度。由于结构所限，此种滑块行程很小，适合扣位较小的情况
	有些制品的侧壁是悬空的，滑块滑出时，可能会粘胶位，把侧壁胶位拉出，导致制品变形脱不了模。可在滑块上增加顶针来解决。 开模时，滑块在斜导柱的作用下向外滑动，但顶针却在锁紧块直身面的作用下保持静止不动，顶针顶着制品，使之不会被滑块带出，当锁紧块的直身面完全离开顶针尾部的球头后，顶针便会随滑块一起移动了。直身面只能限制顶针比滑块迟动一点距离，顶针由弹簧推动保持复位，并由限位螺钉限位

续表

简　图	说　明
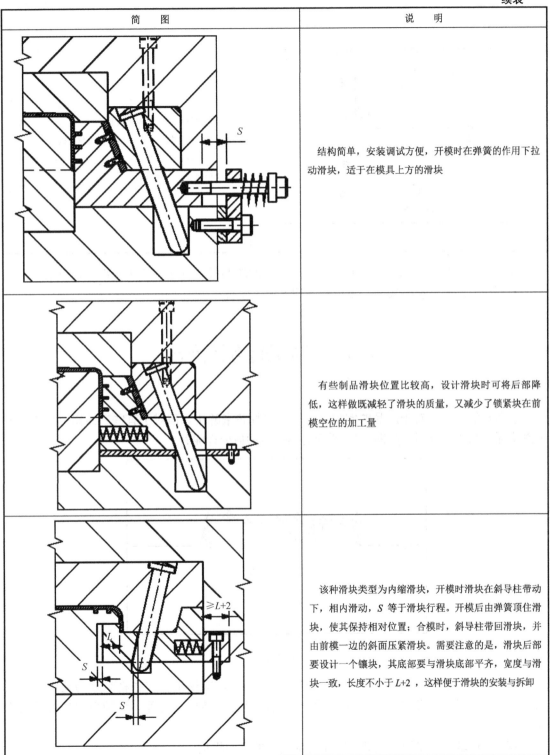	结构简单，安装调试方便，开模时在弹簧的作用下拉动滑块，适于在模具上方的滑块
	有些制品滑块位置比较高，设计滑块时可将后部降低，这样做既减轻了滑块的质量，又减少了锁紧块在前模空位的加工量
	该种滑块类型为内缩滑块，开模时滑块在斜导柱带动下，相内滑动，S 等于滑块行程。开模后由弹簧顶住滑块，使其保持相对位置；合模时，斜导柱带回滑块，并由前模一边的斜面压紧滑块。需要注意的是，滑块后部要设计一个镶块，其底部要与滑块底部平齐，宽度与滑块一致，长度不小于 $L+2$，这样便于滑块的安装与拆卸

续表

简　图	说　明
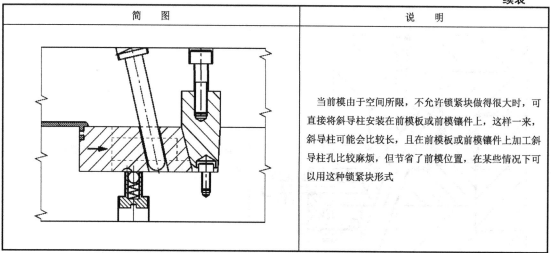	当前模由于空间所限，不允许锁紧块做得很大时，可直接将斜导柱安装在前模板或前模镶件上，这样一来，斜导柱可能会比较长，且在前模板或前模镶件上加工斜导柱孔比较麻烦，但节省了前模位置，在某些情况下可以用这种锁紧块形式

以上仅仅是列举数例，来说明实际模图中，滑块的设计方法。滑块的设计很灵活，形式也多种多样，因此难度也较大，希望读者朋友细心掌握。

7.2　斜顶的设计

前面我们讲过，对于产品的倒扣，可用滑块抽芯来解决。但对于有些产品扣位来讲，使用滑块抽芯却未必合适。如图7-17所示的扣位该如何处理呢？

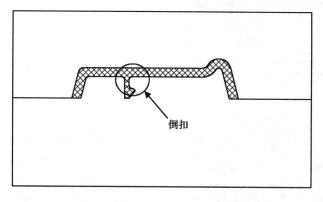

图7-17

如果出行位的话，那么先不说空间够不够的问题，即使出行位也将是颇为复杂的。因此，对于此类的产品倒扣，需考虑采用一种简便易行的结构来处理。这种新的抽芯结构称为斜顶。

斜顶也称斜方、斜销，是处理制品内部倒扣的常用机构。

7.2.1 斜顶动作原理

如图 7-18 所示,斜顶固定在顶出板上,模具开模后,注塑机顶棍顶动顶出板,从而带动斜顶将制品顶出,同时退出倒扣。下面我们详细分析一下其工作原理。

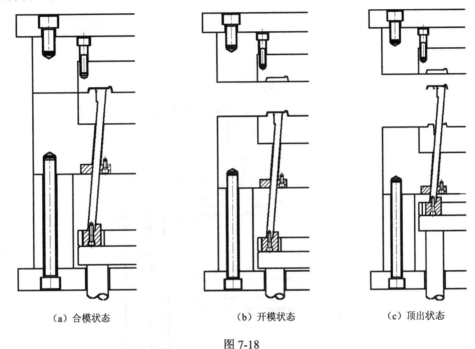

(a) 合模状态　　　　　(b) 开模状态　　　　　(c) 顶出状态

图 7-18

如图 7-19 所示,斜顶穿过一个模板的斜孔,斜顶与斜孔配合。从下向上给斜顶一个推力,推动斜顶向上运动一段距离,此时就会发现斜顶在斜孔和推力的强迫作用下,不仅向上运动,并且向斜顶倾斜方向运动了一定距离,退出扣位,如图 7-19 中所示的位置差距。

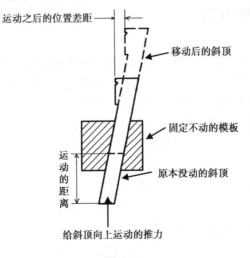

图 7-19

一旦决定产品的某个扣位需要出斜顶，接下来的工作就是具体设计了。斜顶设计不仅仅是其本身的设计，往往要牵扯到其导向及固定问题，所以模具中与斜顶相关系的部分均要考虑。这无外乎三个部分（图7-20）：

（1）斜顶头部设计：此部分主要是要考虑斜顶的具体拆法，涉及到胶位及角度的计算。

（2）斜顶避空与导向：要保证斜顶畅通无阻在模具中运动，就要考虑模板中的避空怎样开设。

（3）斜顶的固定：斜顶的动力来自于顶出板，斜顶如何与顶出板固定是一个重要的设计细节。

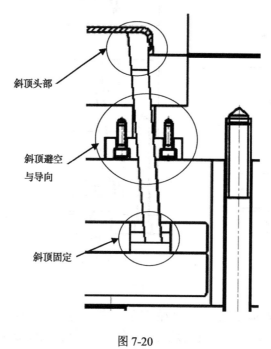

图 7-20

7.2.2 斜顶头部设计

斜顶头部指的是斜顶的成型部分，这部分直接和塑胶接触，所以要在保证顺利脱出扣位的前提下，还要保证不跑胶。根据产品扣位的不同情况，斜顶头部的形状各有变化，也就是斜顶的拆法是不同的，下面将以一例来说明，如图7-21所示。

（1）斜顶的倾斜角度可以通过经验公式计算，假如其倾斜角度为 M，则

$$\tan M = 斜顶行程/顶出行程$$

斜顶行程等于死角大小加上安全余量2~3mm。

通过反三角函数算出的角度取整数，例如，算出为7.23°，可取为8°。

一般来说，斜顶角度取3°~12°，最大勿超过15°，常取6°、7°、8°、9°。

（2）斜顶厚度常取 6~8mm，最小不小于 5mm。厚度太小力度不够，太大浪费材料；斜顶宽度根据产品倒扣来定，最起码要与倒扣宽度一致，一般要大于倒扣 2~3mm，最小不小于5mm，如图7-22所示。

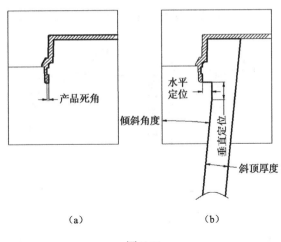

图 7-21

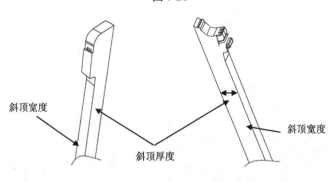

图 7-22

（3）斜顶上设计的水平定位和垂直定位是为了方便碰数加工及数据测量，另外还起封胶作用，同时水平定位和垂直定位形成的台阶也可防止斜顶下沉。一般情况下水平定位可取 3～5mm；垂直定位可取 5～10mm。

（4）斜顶头部的三种形式，如图 7-23 所示。图 7-23（a）是一般形式，特点是包紧力小，倒扣容易脱出，加工方便，适合大多数情况下的倒扣处理；图 7-23（b）的形式是在扣位后面留了一块铁，适合产品比较薄，且倒扣对斜顶包紧力比较大的情况，此时斜顶也比较大，模具上有足够的加工空间可以利用；图 7-23（c）是适合斜顶太薄的情况，由于模具上对应倒扣的部位空间小，斜顶无法加大，故采用这种包胶结构，注意斜顶尽量不要伸出产品，以免和前模相碰。此种形式是最不常用的一种。

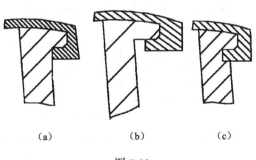

图 7-23

（5）注意斜顶的头部设计时不要出现反铲度（顶出会铲胶）；如图7-24、图7-25所示。

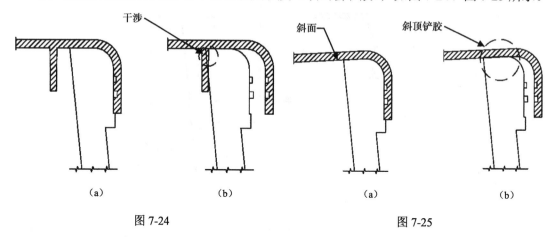

图7-24　　　　　　　　　　　图7-25

（6）斜顶的顶出距离要精确算好，不要与其他部件发生干涉（如其他斜顶、顶针等），如图7-26所示。

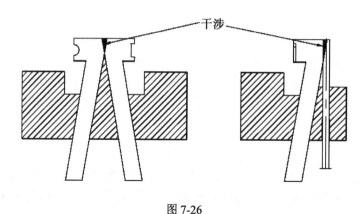

图7-26

（7）斜顶的基本拆法。斜顶在模具中属于精密的零件，尺寸相对较小，又因其头部涉及到胶位，故其头部设计需要细心处理。

根据产品倒扣的具体情况，斜顶头部有不同的拆法，无论采用何种设计方法，均要从保证产品质量，加工方便简单的角度去考虑。表7-6为斜顶的基本拆法说明。

表7-6

简　图	说　明	简　图	说　明
	结构简单，加工方便，倒扣不易变形，靠破处容易产生毛边		筋的高度 a 比较大时，可采用这种形式，结构简单，加工方便，不易变形，但容易产品断差

续表

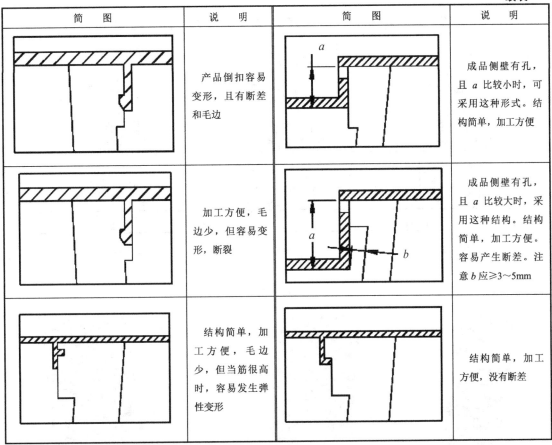

7.2.3 斜顶的避空

斜顶在模具中运动时,是要穿过后模仁,后模板的。斜顶在后模仁里面不能做避空,否则会跑胶,斜顶孔在这一段对斜顶也起导向作用,属于第一段导向;但斜顶在后模板里面的部分,则可以做出避空,也即让位孔。否则,斜顶将与后模板做无谓的摩擦,影响斜顶的寿命及畅通运动。

后模板上为斜顶的常用避空做法即开设通孔,有圆孔、椭圆孔、U 形孔。孔径的大小及位置应保证斜顶能够顺利通过。尽量采用圆形直身孔,这样好加工,若与其他组件发生干涉,可考虑采用椭圆孔、U 形孔,或做出斜孔的形式,位置应该尽量取整。如图 7-27 所示。

如图 7-28 所示为斜顶让位孔的空间结构形式,图 7-28(a)为直身圆形孔避空,对于斜顶较小时采用,注意斜顶不要和圆孔有干涉,加工工艺非常简单,较多采用;图 7-28(b)为直身 U 形孔避空,加工也很简单,适合较小斜顶;图 7-28(c)为斜身避空的形式,它是根据斜顶角度挖成通孔,加工相对来说比较复杂,但有时候也采用。

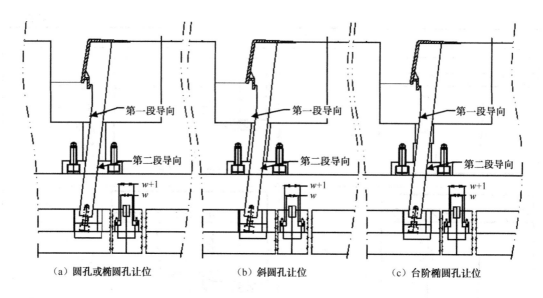

(a) 圆孔或椭圆孔让位　　(b) 斜圆孔让位　　(c) 台阶椭圆孔让位

图 7-27

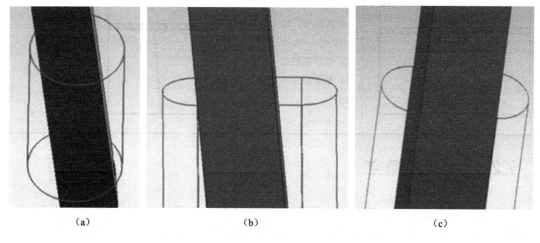

(a)　　(b)　　(c)

图 7-28

7.2.4 斜顶的导向

斜顶导向件是对斜顶进行斜向导向，通常是在后模板已经对斜顶做出避空孔的情况下使用。因为后模板已经避空，如果不加上导向件，斜顶的斜向导向就完全由斜顶在后模仁里面的导向位来承担了，这样势必给其带来压力，另外也易导致斜顶"卡死"。

为确保斜顶运动通畅，采用导向块的结构形式来改善斜顶的滑动条件，如图 7-29 所示。整体式斜顶导向块与分离式导向块的区别见表 7-7。

第 7 章 侧抽芯系统设计

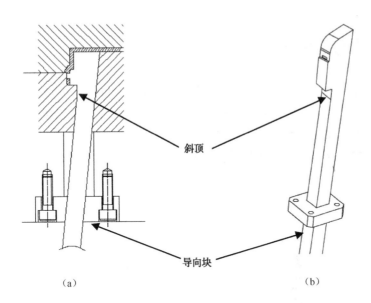

(a)　　　　　　　　　　　　(b)

图 7-29

表 7-7

	整 体 式	分 离 式
二维形式		
空间结构		
说 明	导向块材料常用青铜，整体式导向块个头较小，常用于小型斜顶，加工时先将其固定在后模板上，然后和后模仁、后模板一起进行线切割加工，确保导向块和后模仁上的斜向导向同一中心，使其能更畅通运动	分离式材料也常用青铜，其尺寸较大，可以分开用磨床加工，使用于大中型斜顶。即导滑截面大于 20mm×20mm 的情况

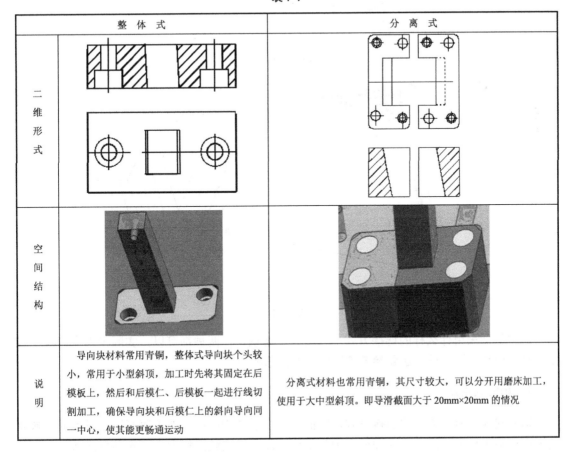

7.2.5 斜顶的连接方式

斜顶底端定位结构有不同的方式，一般可分为销钉式和 T 槽式连接两种。销钉式连接（图 7-30）在设计当中运用较多，其结构最简单，且加工方便、安装配合、维修维护容易；T 槽式连接（图 7-31）主要用于较大的、精度要求较高的产品，有多种不同形式的 T 形滑动座与之连接，加工配合比较难，制造成本也会加大。

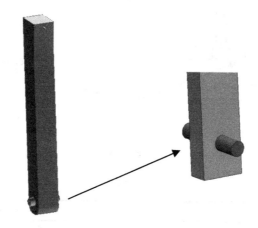

图 7-30

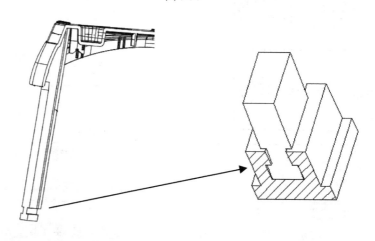

图 7-31

具体斜顶采用什么样的连接方式，并没有严格规定，两种都可以，实际工程中，除了根据产品及模具的因素外，还要参考模厂自己的内部要求。

1. 销钉式连接

销钉式连接时最简单的连接方式，它的优点在于结构简单，加工速度快，成本低，缺点是销钉在顶出板上的滑动不太顺畅，因为销钉与顶出板接触面积太少。此种形式通常在产品尺寸要求不高，批量生产不大时采用。图 7-32 仅供参考。

第 7 章　侧抽芯系统设计

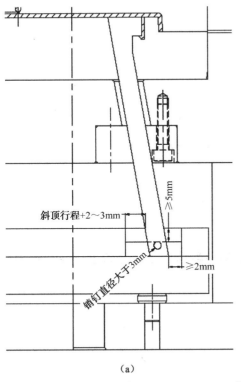
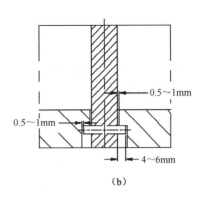

图 7-32

除了图 7-32 所示在顶出板上直接开设斜顶连接孔之外，还有采用单独做个斜顶座，然后用销钉连接斜顶的结构形式，其原理是一样的，如图 7-33 所示。

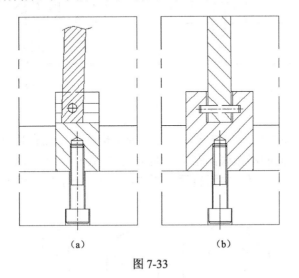

图 7-33

2．T 槽式连接

T 槽式连接，也是一种常用的斜顶定位方式。斜顶底部做成 T 形块形式，与斜顶座的 T 形槽相对应。斜顶固定在顶出板上，斜顶在斜顶座中运动。

图 7-34 为斜顶 T 形槽的一般形式，仅供参考。

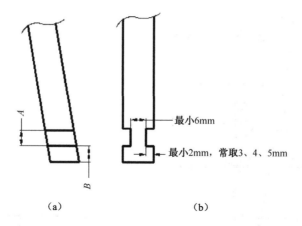

图 7-34

A 通常取 6～10mm，B 常取 5～8mm。斜顶座用螺钉固定在顶出板上，斜顶座与斜顶的装配尺寸如图 7-35 所示。

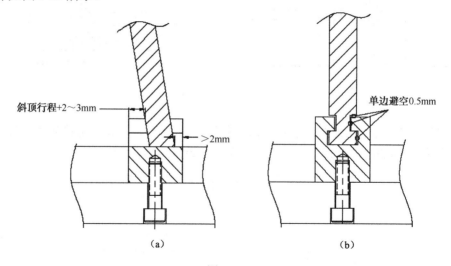

图 7-35

斜顶座与斜顶 T 形槽的连接方式除了上述的结构之外，还有其他形式，不再赘述。如图 7-36 所示为三种不同的斜顶底部结构，其中图 7-36（a）所示形式用于斜顶比较大的情况；图 7-36（b）所示形式用于中型斜顶；图 7-36（c）所示形式用于截面小于 6mm×6mm 的小型斜顶。

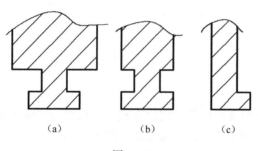

图 7-36

3. 两段式斜顶

两段式斜顶应用在倒扣比较小（小于 5mm），且斜顶特别小，或斜顶运动空间不够的的情况下。由于这种斜顶长度比较短，不像前面两种斜顶那样延长至顶出板，其长度基本上不超出后模板，所以也称为半斜顶。而前面两种斜顶可称为全斜斜顶结构。两段式斜顶并未直接连接在顶出板上，此种斜顶底部开有 T 形槽，可以和固定在顶出板上的顶针相连接，由顶针钩住进行顶出及复位。如图 7-37 所示为一种两段式斜顶结构。

此种斜顶本体设计有滑道，滑道有斜度，起导向作用，滑道可以在斜顶两侧开设（T 形耳朵），或者单侧开设，或者是设计成燕尾槽的形式，如图 7-38 所示。

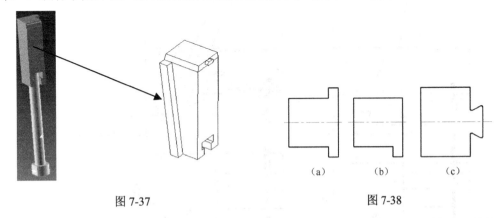

图 7-37　　　　　　　　　　　　图 7-38

安装时，斜顶从上往下装入模具，然后顶针从后模背后穿入斜顶 T 形槽，再旋转 90°方向，钩住斜顶 T 形槽，同时斜顶钩针要做防转处理。为安全起见，斜顶被顶出后不能够脱离滑槽，所以斜顶的长度要比顶出行程至少大 10mm 左右，斜顶斜度常取 3°～8°，其他设计尺寸可参考图 7-39。

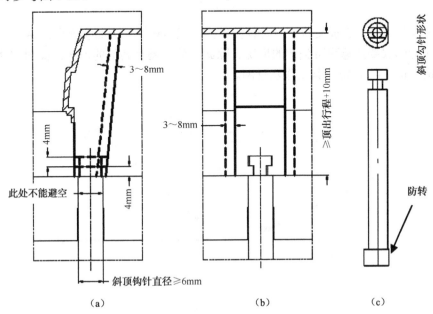

图 7-39

7.3 先复位机构设计

在某些模具结构中，由于产品结构的原因，发生顶出装置与行位等抽芯机构发生干涉，导致无法顺利合模，如图 7-40 所示，因而需要设计先复位机构。

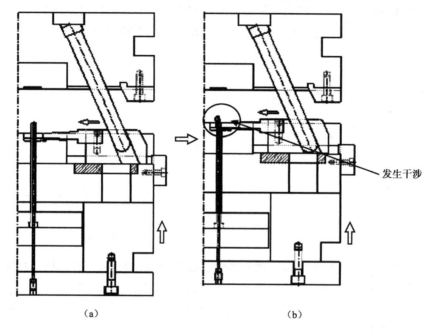

图 7-40

先复位是指先将顶针板复位。一种很简单的形式是在回针上面套弹簧，靠弹簧弹力先行复位，但这种形式要注意弹簧失效的情况。除此之外，还有其他的形式，如图 7-41 为一种常用的复位机构，图 7-42 为其工作示意图。

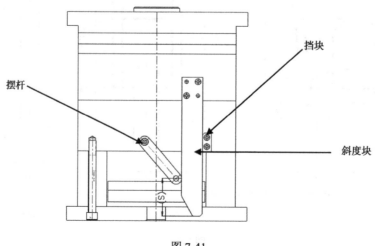

图 7-41

第 7 章 侧抽芯系统设计

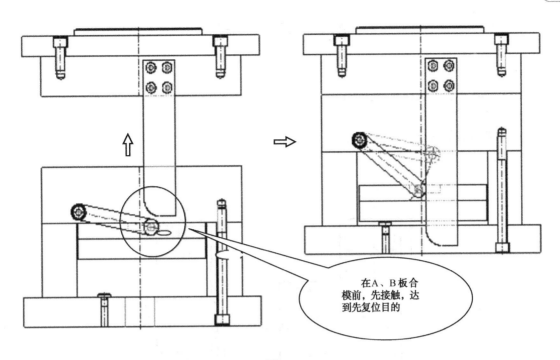

图 7-42

图 7-43 为一种先复位机构的设计图，具体参数可根据实际模具大小来定。

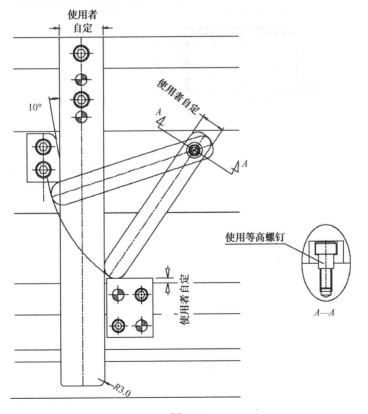

图 7-43

思 考 题

如图 7-44 所示，设计要点如下：
① 一模两腔；
② 不要求设计运水；
③ 1∶1 绘制组立图。

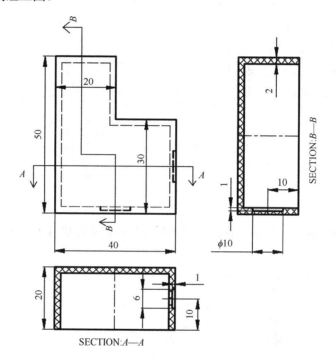

图 7-44

第8章　冷却系统设计

在注塑过程中，对模具型腔进行填充的塑胶熔体温度通常达到 200℃左右，模具工作一段时间后温度将会很高，而顶出的产品温度却只有 50～60℃左右，如何保证制品在很短的时间内迅速冷却至适宜的顶出温度？

这就必须要对模具进行冷却，使模温保持在一定的范围之内，因此，模具里面就出现了冷却系统。冷却系统的作用主要有两点。

1）缩短成型周期，提高生产效率

我们知道高温熔胶进入模腔后，需要经过冷却固化，才能得到所需制品。而整个成型周期中，冷却固化时间可以达到 60%～80%，所以设计合理的冷却系统能够缩短冷却时间，提高生产效率。

2）提高产品质量

由于制品形状复杂，壁厚不均，充模顺序不同等因素，使塑料在固化过程中，不同位置的温度不一样，这种热交换产生的应力会直接影响制品尺寸精度及外观。冷却系统的设计理念就是保持与塑料特性、制品质量相适应的温度，最大限度地消除或减少这种应力，改善塑料的物理性能，以得到高质量制品。其工作目的不仅仅使模具冷却,而且尽量使模具保持恒定温度，控制熔体冷却速度，冷却速度太快会影响填充，太慢又会因温度过高引起制品产生缺陷及成型周期延长。

模具的冷却方法有水冷却、空气冷却、油冷却等。

（1）用水冷却模具，这种方式最常见，即通过普通自来水增压后流经模具并循环流动带走热量，水冷在注塑模具中运用最多。

（2）用油冷却模具，即通过注塑机本身的轻油，经油泵增压后流经模具，并循环流动带走热量，这种方式不常见。

（3）用压缩空气冷却模具，即通过空气压缩机压缩空气，使之在模具中通行或直接吹到模具上进行冷却。此种冷却方法应用很少。

（4）自然冷却。对于特简单的模具，注塑完毕之后，靠模具自然降温来达到冷却目的。

本章重点阐述最普通的冷却方式——水冷却，详细说明其冷却系统的设计。

8.1 常用冷却方式介绍

用水冷却模具，其实就是用钻头在模具中钻些管道然后通过水流进行冷却，简称"运水"。运水设计理解上很简单，但具体设计时还需根据产品的大小、深浅、注塑材料、模具结构等因素进行综合考虑并确定最佳方案，变数很多，形式也很多。

运水设计的基本原则有如下几点。
（1）冷却水道要加工方便，拆装水管接头方便。
（2）冷却水道网要尽量使模具冷却均匀，尽量减少因温差引起塑件变形。
（3）加工刀具规格尽量统一。
（4）尽量不要让冷却水道留有死水，以免生锈堵塞水道。
（5）冷却水尽量要冷却到与塑件有直接接触的模具材料，尽量不要采用间接冷却。
（6）冷却水道尽量设计成垂直或水平的通道，易加工，尽量不要采用斜向水道。

8.1.1 直通式水路

直通式水路可分为平行直通式和非平行直通式两种形式。平行直通式水路是指其冷却水道直接贯穿模板且相互平行，如图 8-1 所示。此种方式由于水道离产品胶位远，冷却效果不佳，一般情况下很少采用，对于一些小制品、小模具有时候可以采用。

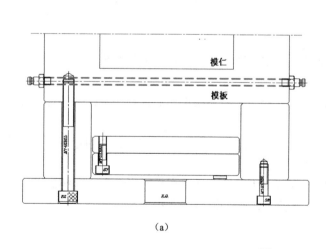
(a)

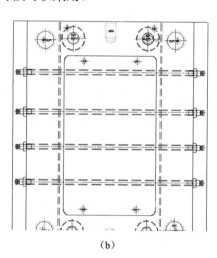
(b)

图 8-1

如果水路穿过模仁，为防止漏水，需要采用加长水嘴，水嘴的螺纹必须锁在模仁上才能防水，如图 8-2 所示。需要说明的是，也有采用模仁侧面加防水胶圈的方法，但这种方式不易安装且防水效果差，一般情况下较少采用。

非平行直通式水路是指其冷却水道相互交接且在同一平面内。水道可以根据需要从不用方向开钻，用堵头堵住一侧，从而构成一个循环回路，这种形式可以达到比较好的冷却效果，如图 8-3 所示。

第 8 章 冷却系统设计

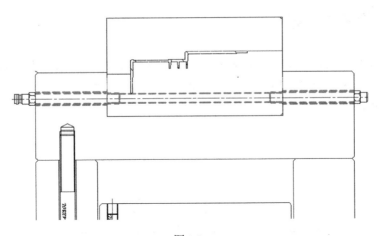

图 8-2

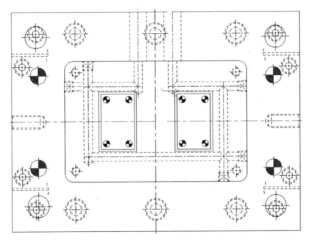

图 8-3

如果产品深度较深，运水也可设计多层回路，如图 8-4 所示。

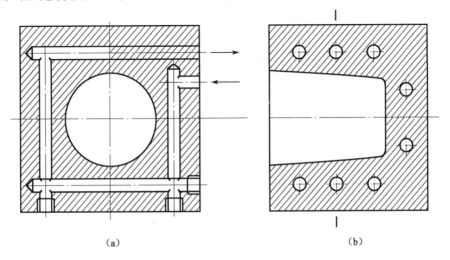

图 8-4

8.1.2 阶梯式水路

阶梯式水路是目前很常用的一种冷却方式。其形式是在模板上固定好水嘴之后，水道从模板钻入，然后穿过模板进入模仁，在模仁里面绕了一周，然后，再次进入模板，从另一端的水嘴出来，如图 8-5 所示。

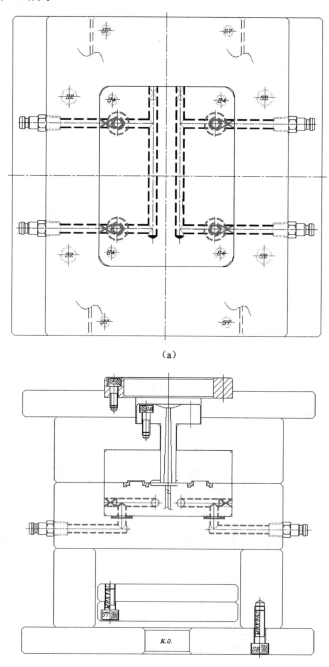

(a)

(b)

图 8-5

阶梯式的水路常用两个辅助零件来密封隔水，一是挡水圈，水路穿通模板与模仁的地方需要用挡水圈；二是堵头，堵头可以用无头螺钉或铜来代替。阶梯式水路的路线变化多端，可根据产品的具体形式和模具结构来定。

8.1.3　隔板式水路

隔板式水路也称为水井式水路，如图 8-6 所示。这种水路的特点就是在模仁里面挖了几个较大较深的水孔，然后用一个厚度约 3mm 的薄片（一般用铜片或铝片，以防生锈）把这个水孔一分为二，运用小的水路把这些大水孔联通即可。水井的直径一般取 16mm、20mm、25mm。

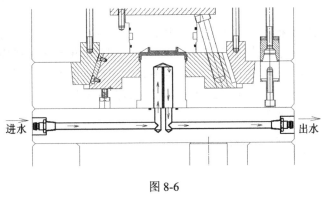

图 8-6

8.1.4　盘旋式水路

如图 8-7 所示为一个典型的盘旋式水路，在镶件上加工有螺槽，镶件中心钻空，冷却水从螺槽一侧进入，盘旋上升至顶端，在此过程中对产品进行冷却，然后从中心孔出去。盘旋式水路非常适用于桶状式的产品，进行设计时需要注意两点：一是镶件需要密封，所以不能没有防水胶圈；二是镶件需要固定下来，防止转动。

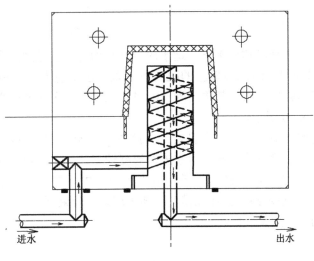

图 8-7

8.2 设计细节要点

前面介绍了冷却系统的几种常见形式,具体的设计细节,有许多值得注意的地方,现归纳如下,仅供参考。

(1)冷却水道是通过麻花钻加工的,选择钻头即可确定冷却管道的直径。常用的水路直径有ϕ8mm 和ϕ10mm,ϕ6mm 和ϕ12mm 较少用。在整个模具水路中,直径规格尽量取的一致,以方便加工。

(2)对于自动成型的模具(用于卧式注射机),运水水嘴最好不要设置在模具顶端,如图 8-8 所示。以免给自动化的机械手操作带来障碍,同时如果水嘴装在模具顶端,拆装运水时,冷却液易流入型腔;水嘴装在模具底端也不好,在自动成型时,制品或者浇注系统凝料有可能会挂在水管上掉不下来。所以运水水嘴最好装在注塑机背后,即操作员的另一侧,以免影响操作员工作,如图 8-9 所示。

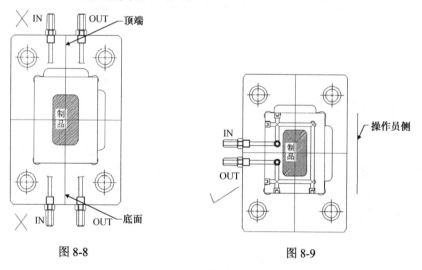

图 8-8　　　　　　　　　　　图 8-9

(3)在保证钢料机械强度的前提下,运水应沿产品均匀布置且到产品的距离保持一致,以加强冷却,使模温均匀;运水离型腔的距离不能太远也不能太近,距离太远影响冷却效果,距离太近影响模具强度,通常其边距为 10~18mm。水路之间的中心间距保持在水路直径的 5 倍左右,如图 8-10 所示。

(4)尽量降低运水入口和出口的水温差。这就要求水路流程尽可能短,运水太长,不可避免会造成较大的温度梯度变化,导致运水末端温度较高,从而影响冷却效果。可将运水分成若干条独立回路,以增大冷却液的流量,减少压力损失,提高传热效率。如图 8-11 所示。图 8-11(a)只有一组水路,会造成模具冷却不均匀,效果不佳;图 8-11(b)则设计三组水路,模具冷却均匀,效果较好。

图 8-10

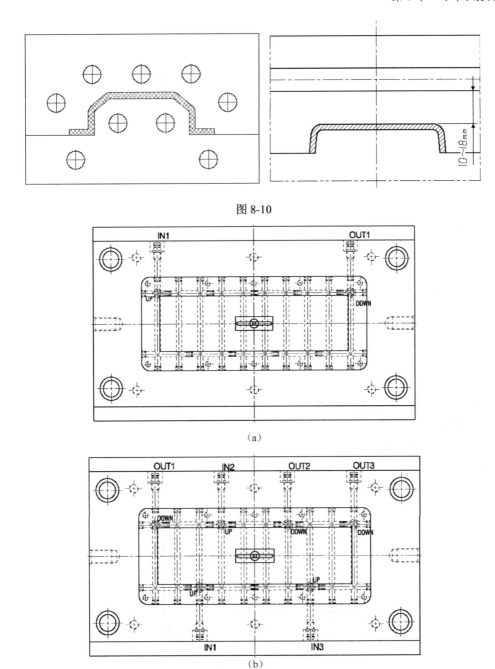

图 8-11

（5）运水离镶件、顶针距离最少要保持 4mm；运水离螺钉最少要保持 5mm；运水不能有太长死角，以免冷却水回流影响效果，如图 8-12 所示。

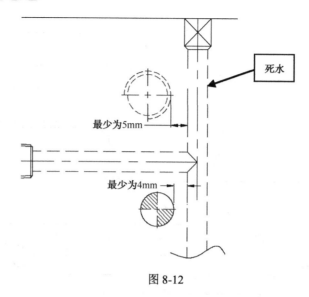

图 8-12

思　考　题

如图 8-13 所示，具体要求如下：
① 一模两腔；
② 1∶1 绘制组立图；
③ 标数；
④ 设计该模具的冷却系统。

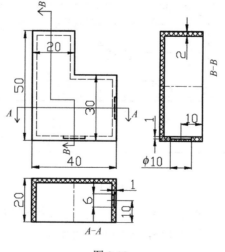

图 8-13

第 9 章　三板模设计

本章介绍三板模，之所以把三板模放到最后讲，主要是三板模开模比较复杂，读者一上来就学习比较难理解。又因为三板模里面的大部分结构设计，例如，分型面、顶出、运水等方面的设计与两板模是一样的，所以先讲两板模对学习三板模也有帮助且便于理解。

两板模与三板模最大区别之处在于进胶系统设计不同，进而导致其模架结构有重大差异。

9.1　两板模无法解决的问题

前面 8 章主要是以大水口模为主来讲解模具结构的，大水口模也就是两板模，多应用于简单的中小型产品。进胶方式可分为直接式浇口、普通侧浇口、潜伏式浇口等。这几种浇口形式基本上能够满足产品成型的要求。

在实际生产中，也有一些产品不能够采用两板模成型，或者说两板模结构满足不了其成型要求。这类产品很多，应用很广泛，具有典型意义。例如，图 9-1 所示为一种矿泉水瓶盖，它规定表面不允许有浇口痕迹，对外观质量要求较高。若采用此前所讲的直接式浇口，很显然不合适，成型后将有一个明显的料把疤痕，况且产品本身也不大；若用侧浇口，也勉强可以，但盖子底面会有浇口痕迹，能够看出来；若用潜伏式浇口，虽然解决了外观问题，但增加了加工难度，而且去除进胶处的潜胶残料比较麻烦……，所以以上浇口都不合适，只有另想办法。

图 9-1

现实生产中，多用一种称为针点式浇口的进胶方式来成型此类产品。针点式浇口又称为橄榄形浇口或菱形浇口，因其直径很小，看似是一个针孔，故有针点进胶之说。

由于针点式浇口尺寸很小，因此，去除浇口后残留痕迹小，不显眼，不影响外观。在一些质量要求较高的产品，如手机等外壳类产品中广泛使用。

图 9-2 所示为采用针点式浇口的设想图。当然，这个图仅仅是按照前面所学的两板模结构的思路，来设想的一种采用针点式浇口的模具结构图。请读者仔细看这幅图，并思考这样一个问题：浇注系统凝料怎样脱出。

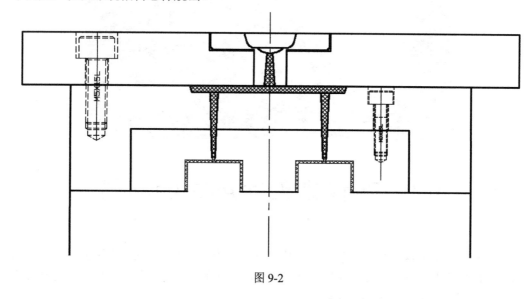

图 9-2

9.2 三板模工作原理

下面以一个简单的例子来说明三板模的工作原理，为清晰起见，对模具图做了必要的简化处理，以净化图面，突出重点。

模具打开时，将有三个可能的分开面，分别是①、②、③ 处，如图 9-3 所示。由于尼龙扣塞对前模板的摩擦阻力，在三个可能的分型面中，③处的打开将非常困难，除非有足够的拉力能够克服它；相对而言，①、②处则容易打开，因为①处的打开，需要克服针点浇口与产品的连接力，此力很小。②处的打开则需要克服浇注系统凝料对水口钩针的包紧力，这个力毕竟不像尼龙扣塞的摩擦力那么大。因此对第一次分型，模具将会选择在①处或②处打开。

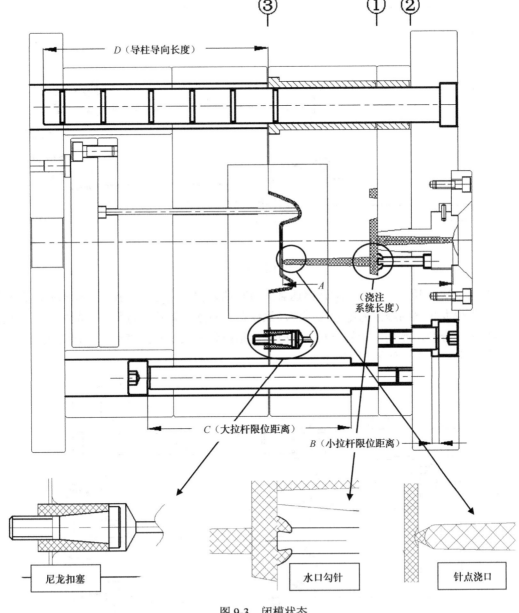

图 9-3 闭模状态

基于以上分析，由于点浇口与产品的连接力相对于浇注系统凝料对水口钩针的包紧力更小一些，故模具开模后，从①处分开，如图 9-4 所示。分开的距离要保证能够用手把浇注系统凝料从浇口套里面取出来。因此，这个距离=浇注系统的总长度+（10～20）mm。这个距离也就是大拉杆的限位距离 C。

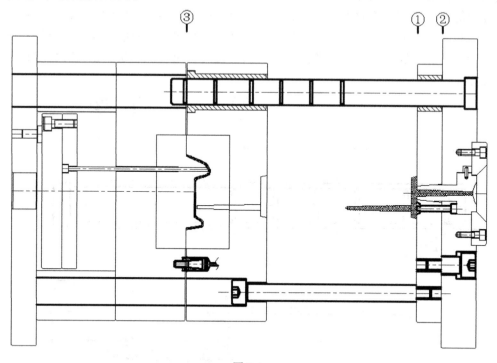

图 9-4

模具第一次分开后，后模移动距离达到大拉杆的限位距离时，大拉杆限位台阶将碰到前模板，由于尼龙扣塞的摩擦力绝对大过浇注系统凝料对水口钩针的包紧力，故模具第二次分开不会从③处分开，而是从②处分开，此时水口推板将在大拉杆的带动下，把浇注系统凝料从水口钩针上剥出去，如图 9-5 所示。

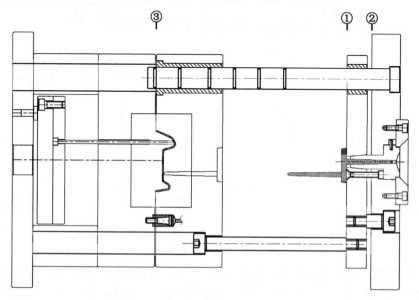

图 9-5

如图 9-6 所示，水口推板上锁有一个限位小拉杆，它将限制水口推板的移动距离。当水口推板把浇注系统凝料从水口钩针上剥离后，小拉杆的限位台阶将碰到前模底板，而前模底板是固定不动的，因而小拉杆不再运动；若小拉杆不动，与它相连的水口推板就会不动；同样道理，水口推板不动，锁在上面的大拉杆就不再动，与大拉杆限位台阶相碰的前模板也将不再跟随后模移动，经过这么一串连锁反应，模具最终在③处打开，要知道开模力是远远大于尼龙扣塞摩擦力的。

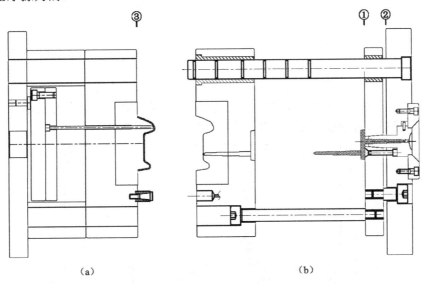

图 9-6

模具从③处分开后，注塑机顶棍顶动顶出板，将产品顶出，此时可将产品和浇注系统凝料取出。然后模具闭合，周而复始，循环生产。

以上即是三板模的工作原理，是以简化型细水口模具来讲解的，细水口模具工作原理与此相同，不再赘述。现在请读者思考两个问题：模具先从①处打开或者先从②打开，对产品顶出有影响吗？严格限定这两处的打开顺序有必要吗？

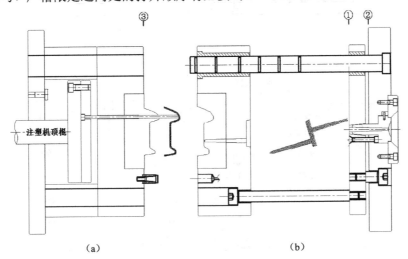

图 9-7

9.3 三板模标准模架

与两板模一样,三板模也有对应的标准模架,有两种类型,一种是细水口模架;另一种是简化下细水口模架。两板模与三板模模架的主要区别如下。

(1)三板模多了一块板——水口推板,这块板在前模底板和前模板之间,是可以移动的。

(2)三板模少了几个锁紧螺钉——由于水口推板是移动的,故少了前模底板和前模板的锁紧螺钉。

(3)三板模多了几套导柱导套——并且多的这几套导柱导套是绝不能缺少的。

图 9-8 所示为典型的细水口模架图。为清楚表达细水口模架里面的相关组件,我们把模架图里面的后模部分视图和主视图并列放在一起说明,如图 9-9 所示。

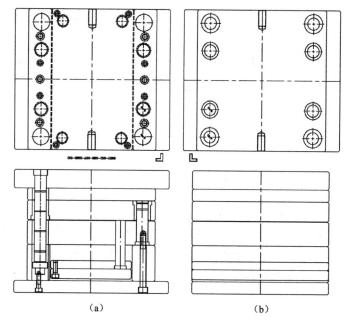

图 9-8

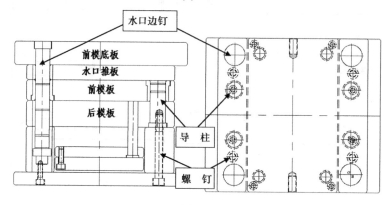

图 9-9

第9章 三板模设计

由图 9-9 可以看出，细水口模架相比于大水口模架来说，多了一个水口推板和一套水口边钉。水口边钉即导柱，在细水口模架中，这四根导柱是倒装的，在整个后模上面没有加导套，模板都是避空的，它的主要作用在于导正水口推板和前模板。

图 9-10 所示为典型的简化型细水口模架图。为清楚表达简化型细水口模架里面的相关组件，我们把模架图里面的后模部分视图和主视图单独并列放在一起说明，如图 9-11 所示。

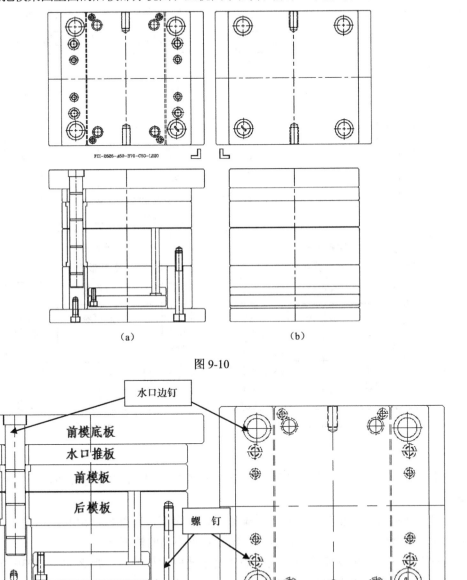

图 9-10

图 9-11

由图 9-11 可以看出，简化型细水口模架与大水口模架的区别在于多了一个水口推板。另外，简化型细水口模架里面的水口边钉也是倒装的。

以上即是细水口模架与简化型细水口模架的示意图,它们与大水口模架一样,各自又有不同的型号,为叙述方便起见,在此我们仅仅是选了其中一种典型的型号来讲解。实际设计时,读者可参照供应商提供的标准模架资料。

那么细水口模架与简化型细水口模架有什么区别呢?

简化型细水口模架是由细水口模架演化过来的,如图 9-12 所示,从模架上来说,其区别在于简化型细水口不但少了一套导柱,而且简化型细水口模架里面的导柱头部没有挡块。

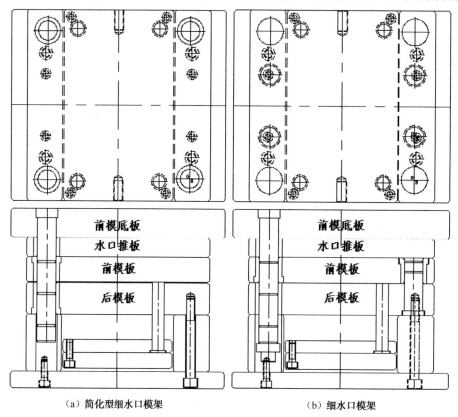

图 9-12

细水口模架是所有标准模架里面最复杂的模架,其动作控制最多,同时也是最贵的模架。

简化型细水口模架相对于细水口模架来说,寿命短,精度低,但其结构简单,成本低,运用灵活。适合于产品产量较小,质量、精度要求不高的情况下。

一般情况下,如果仅仅从模具大小的角度来选取模架的话,那么大于 3030 的模架,可选细水口模架;小于 3030 的,则可选取简化型细水口模架。

尽管细水口模架和简化型细水口模架有些不同,但其内部结构设计都是一样的,为叙述方便起见,现以简化型细水口模具结构来重点讲解进胶系统及开模控制系统的设计,细水口模具相关部分设计与此相同。

9.4 浇注系统设计

细水口模具浇注系统设计的方法与大水口模具是基本相同的，区别仅在于一些个别的地方，这些地方包括浇口套、流道、浇口与水口钩针。

1. 浇口套

三板模常用的浇口套有两种形式：一种是定位环和浇口套连体的形式，注意要做避空，如图9-13所示；另外一种形式如图9-14所示。注意浇口套要做斜度，斜度常取10°或5°，斜面封胶不少于8mm；浇口套要做防转设计。

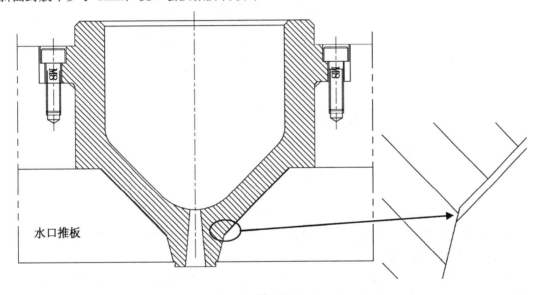

图 9-13

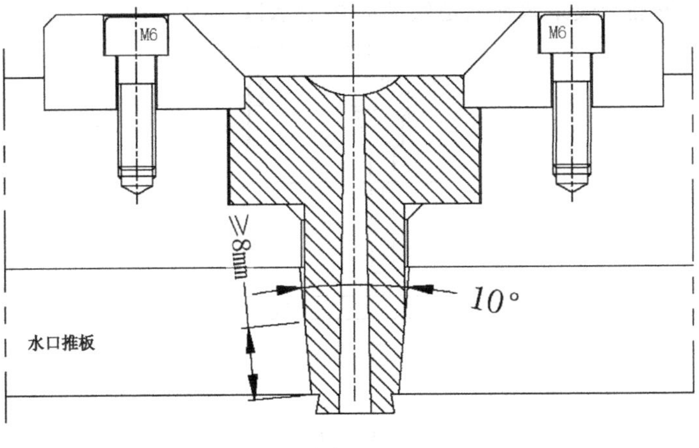

图 9-14

这两种浇口套前端均要做斜度，以防止和水口推板摩擦，发生磨损、漏胶，甚至咬死的情况；同时，还要在浇口套前端做倒勾，以利于将料头从浇口拉出。

2. 流道、冷料井、浇口与水口钩针设计

（1）流道不能开设在水口推板上，只能开设在 A 板上，其截面多采用梯形截面，也有采用 U 形截面和半圆形截面的。但半圆形截面流道在细水口用的比较少，如图 9-15 所示。

（2）主流道的冷料井需要做斜度，并不需要拉料杆。

（3）水口钩针，即浇注系统的拉料钩针。其直径可参考流道尺寸来做，流道做多大，水口钩针就取多大或与其相近。如本例中水口钩针直径为 5mm。

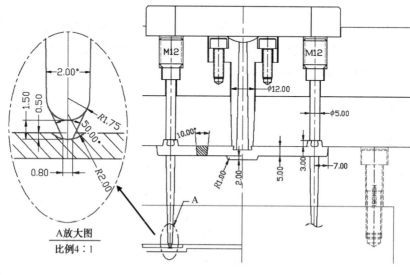

图 9-15

（4）水口钩针的位置一般固定在前模底板上，可以用浇口套压住，或者用定位环压住，也可以直接用自攻螺钉压紧。

（5）如图 9-16 所示，浇口上方要做水口钩针，水口钩针应正对着点浇口中心线，如果因某种原因实在无法对齐，那么可以沿流道方向移动 5～10mm。如果浇口比较长且流道有曲线变化时，则应每隔一段距离在流道转弯处增加水口钩针。

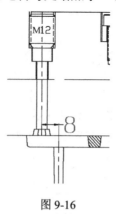

图 9-16

（6）水口钩针应与流道平齐或向上移动 0.5～1mm，否则，挡住熔胶流动，在浇口内产生螺旋水流，影响充模质量，如图 9-17 所示。

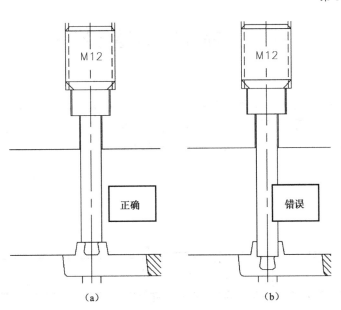

图 9-17

（7）模具加工总有些误差，由图 9-15 可知，点浇口穿过前模板和前模仁，前模板和前模仁分别加工时会产生中心偏差，那么极有可能导致浇口凝料拉不出来，为了防止此种情况发生，一般常做偏移处理，如图 9-18 所示，这样一来，即使加工有些误差，或者配模时有偏差，浇口凝料一样可以顺利拉出来。

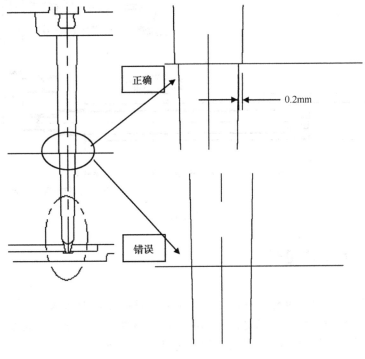

图 9-18

9.5 限位装置设计

为保证三板模能够按次序开模,必须要设计一套限位装置,以精确控制相关各板的移动距离,保证产品及浇注系统凝料的脱出。这套限位装置有多种形式,此处我们仅介绍一种简单的形式。如图9-19所示,它是由大、小定距拉杆和尼龙扣塞组成。

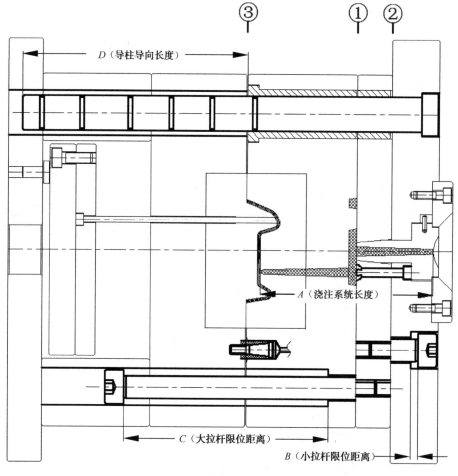

图 9-19

9.5.1 限位拉杆设计

如图 9-19 所示,限位拉杆有两种,一种是大拉杆,也称为细水口限位拉杆;另一种是小拉杆,也称为赛打螺钉或三打螺钉;它们的头部攻有螺纹,可锁在模板上,尾部有台阶,可以定位,限位就是靠这个台阶。如图9-20所示为其实际照片。

第 9 章　三板模设计

图 9-20

1. 小拉杆设计

小拉杆的具体设计尺寸如图 9-21 所示，其直径可参考回针的大小来选取，如模具中回针直径为"16"，则小拉杆的直径即可选取 16mm、15mm 或 17mm。小拉杆的限位距离一定要大于水口钩针的抓料高度，如图 9-22 所示，水口钩针抓料高度为 3mm。

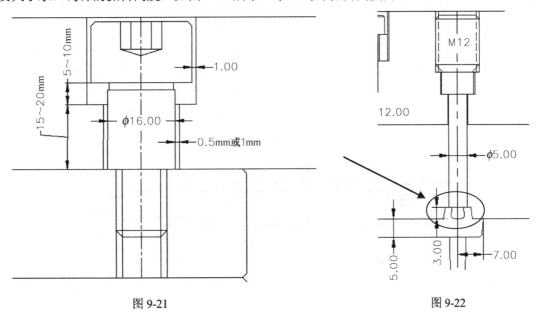

图 9-21　　　　　　　　　　　　　图 9-22

图 9-23 所示为小拉杆在前模俯视图上的位置，取了模具一角。小拉杆的位置一般是在大拉杆的附近，但不能与导柱、导套等冲突，通常取 4 根，且要均匀对称分布，以使力量平衡，如模具特别小时，可考虑采用两根，对称分布。小拉杆的位置要以模具中心为坐标原点取整数，以方便加工。

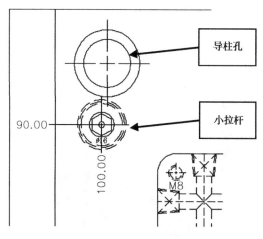

图 9-23

2. 大拉杆设计

大拉杆头部应锁在水口推板上，其限位距离 $C=A$（浇注系统长度）+（20～30）mm，如果大拉杆长度与模脚发生干涉，可在模脚里面做避空，甚至也可根据需要在后模底板里面做避空，如图 9-24 所示。大拉杆直径可参照模具所用回针的大小来定，如回针用 16mm 的，则大拉杆可选 16mm、15mm 或 17mm。

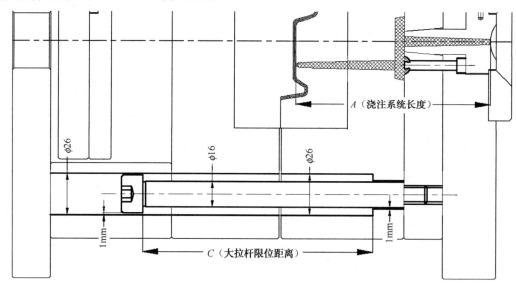

图 9-24

图 9-25（a）所示为大拉杆在后模俯视图中的位置；图 9-25（b）所示为大拉杆在前模俯视图中的位置。大拉杆一般放在长短导柱之间，这样不至于干涉取产品，大拉杆通常取四根，且要均匀对称分布，以使力量平衡，如模具特别小时，可考虑采用两根，对称分布。其位置要以模具中心为坐标原点取整数，以方便加工。

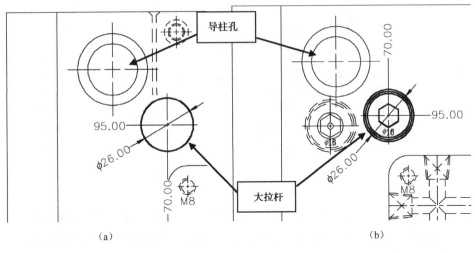

图 9-25

3. 组合式拉杆结构

在实际设计时,也有采用组合式拉杆结构,这有点类似于将小拉杆与大拉杆通过螺钉连接在一起的形式,如图 9-26 所示。注意:拉杆并不会和顶出板发生干涉,在顶出时,拉杆早已由于限位而避开。

限位装置设计还有其他多种变通的形式,但其分型原理都是一样的,我们不再赘述。

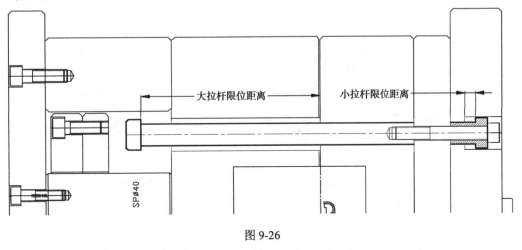

图 9-26

9.5.2 尼龙扣塞设计

尼龙扣塞也称为尼龙扣基、尼龙柱销。如前所述,尼龙扣塞的主要作用在于延迟前、后模板的分型。只有开模力大于尼龙扣塞对前模板的摩擦力时,模具才能够从前、后模处分开。如图 9-27 所示为尼龙扣塞在三板模中的应用。

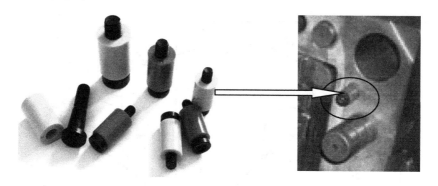

图 9-27

尼龙扣塞这种结构是在尼龙胶圈上面套一个螺钉，如图 9-28 所示。然后把它固定在后模板上，可通过调整螺钉的松紧来控制尼龙胶圈的膨胀，在开模过程中，利用尼龙扣塞和模板孔之间的摩擦力带动模板运动。

尼龙扣塞的大小可根据回针大小来定，例如，回针直径是 15mm，则尼龙扣塞取 15mm，也可取 13mm 或 16mm。

通常情况下，尼龙扣塞在模板上的位置是正对着后模的大锁紧螺钉，或根据实际情况作适当偏移，总之，其位置常常分布在模架的边缘，一般来说，要均匀布置 4 颗尼龙扣塞。

安装时，其要沉入 B 板（后模板）2～3mm，而前模板上与尼龙扣塞对于的孔也要边缘倒 2～3mm 圆角，同时孔内部还要做一个 $\phi 3$ 的逃气孔，如图 9-29 所示。

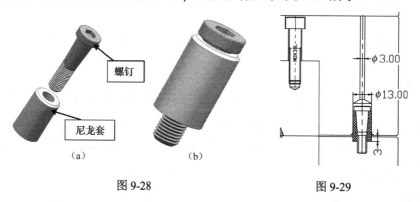

图 9-28　　　　　　　　图 9-29

可通过旋紧调节螺钉来改变摩擦力的大小，螺钉压缩弹力胶变形膨胀，摩擦力将会加大。

一般来说，当模具尺寸小于 3030 时，可考虑采用尼龙扣塞来控制模具的开闭。由于尼龙扣塞安装简单，操作方便，故对于一些简单的小型模具还是比较适用的。

9.6　水口边钉导向长度的计算

水口边钉，也就是导柱。在三板模中它往往是倒装的，即水口边钉是固定在前模的。在三板模开模过程中，主要是水口推板和前模板在水口边钉上滑动，如图 9-30 所示。

所以，水口边钉承担着两个任务：一是精确导向；二是承担模板质量。

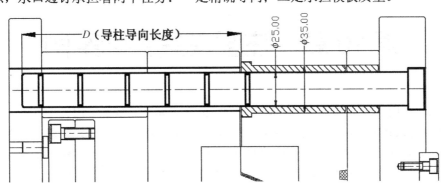

图 9-30

当模具模板很重时，为保证水口边钉不至于受压弯曲变形，其直径要足够，这往往要通过相关公式的计算才得出，实际设计时只是根据经验来选择。由于模架上面一般都带有水口边钉，所以我们可不考虑其直径尺寸。

在开模过程中，为防止前模板滑出水口边钉，其导向长度需要精确控制。有一经验公式可供设计时参考：D（导向长度）=大拉杆限位距离+小拉杆限位距离+安全量（2～5mm）。

思 考 题

如图 9-31 所示，具体设计要求如下：
① 一模四腔；
② 针点式进胶；
③ 按 1:1 比例绘制组立图；
④ 不考虑缩水及拔模。

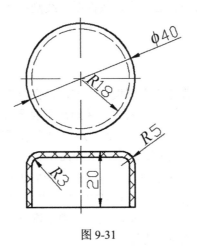

图 9-31

第 10 章　注塑模具实际案例

前面几章我们介绍了模具设计的基础理论，读者对模具的基本结构已经有了一定了解。然而，"纸上得来终觉浅，绝知此事要躬行"，理论上的东西，即使看好几遍，也不如亲自动手设计一遍好，因为只有在动手设计的时候，才知道什么地方没有掌握，哪些方面还不清楚，才会激发你自己的学习兴趣，才会主动去查资料，去寻求解答，这样设计水平就会不断提高，你碰到的问题越多，说明你总是在不断地进步。

本章重点阐述一下模具设计的基本流程，以便为读者在理论和实践之间做个衔接过渡。模具设计没有统一的标准，它不是数学题 1+1=2，所以本章所述内容，仅代表笔者个人设计经验及看法，权当参考。

10.1　模具图纸介绍

在模具加工现场，图纸显得非常重要。无论是加工看图，还是技术交流，与客户讨论等都离不开图纸。

这里所谈的图纸，不仅指的是纸质打印出来的图纸，还包括电子档图纸。尽管计算机已经在模具企业相当普及，许多企业完全可以做到无纸化加工制造，但打印出的模具图纸在加工现场依然离开不了。清晰干净、准确无误的图纸将使得模具加工出错率低、速度快、质量高、计算量小。如果模具图纸画的很糟糕，错误频出，那么将会严重干扰各工序的加工安排，增加出错概率，甚至理解错误而导致零件报废等。

常用的模具图纸包括产品图、组立图、散件图、线割图和冷却水路图等。

10.1.1　产品图

在模具设计中，产品图与普通的机械设计中的产品图既有相似也有区别。相似在于都是对某个零件的外形尺寸及内部结构进行表达；区别在于表示方法略有差异。产品图的作用主要有两个：一是为 2D 排位提供图样；二是作为一种检验标准，以供有关人员进行尺寸核对，防止出错。所以，有的厂家通常要求出两份产品图。

产品图，一般是通过三维软件建模，然后转图，继而进行必要的修改及标数、注明要求等项操作后形成。在极少数情况下，是用 CAD 直接画出来的，当然，除非产品特别简单。

产品图的来源一般由客户提供，但实际上大多数情况下，是由模具设计师做设计的时候直接完成。图 10-1 所示为一产品示意图。

第 10 章 注塑模具实际案例

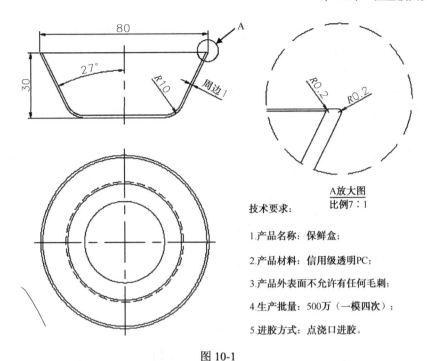

技术要求：

1. 产品名称：保鲜盒；
2. 产品材料：信用级透明PC；
3. 产品外表面不允许有任何毛刺；
4. 生产批量：500万（一模四次）；
5. 进胶方式：点浇口进胶。

图 10-1

10.1.2 组立图

组立图也称为装配图、排位图。组立图主要目的是表达整套模具的内部结构，钳工可根据组立图进行配模。

一般情况下，组立图包括四个视图，分别为前（定）模部分俯视图、后（动）模部分俯视图、主视图、侧视图。当然，如果四个视图不足以表达结构，还可根据情况再行增加主视图和侧视图。

前模部分俯视图是指假设把模具从分型面打开，然后从分型面向前模看去所得到的视图。看到什么画什么，看不到的可用虚线表示；后模部分俯视图是指假设把模具从分型面打开，然后从分型面向后模看去所得到的视图，如图 10-2 所示。

仅靠前后模俯视图还不能完整表达模具内部结构，主视图和侧视图均是剖视图，它们从不同方位把模具剖开来表达结构，如图 10-3 所示。

一般情况下，主视图一般要把模脚剖到，而侧视图并未剖到模脚。主视图和侧视图上所表达的结构并不是严格规定的，例如，进胶系统不一定非要在主视图上来表达，在侧视图上表达也可以，只要能清楚表达模具结构即可。

完整的组立图应该包括标题栏、明细表、浇口放大图、技术要求等诸项，如图 10-4 所示。

需要说明的是，有些小厂为了赶时间通常不画组立图，只出零件图（散件图），而有的大厂往往要求必须绘制组立图，各厂家要求不一样。不画组立图的前提是设计师和钳工师傅十分熟悉，且对钳工的要求比较高，他不需要组立图，根据自己丰富的配模经验，也可以照样干活。

完备的组立图对模具企业来讲是十分必要的,这不但方便钳工配模,检查设计错误,更有利于技术交流及细节查询。对与初学模具设计的朋友来说,掌握组立图的详细画法是独立进行模具设计的必经之路。

在绘制模具组立图的时候,请注意一点:在实际模具设计时,有许多组立图并未严格遵照机械制图的规则来画,如明明剖面线走到了某个部位,在主视图上却没有表达这个部位,而是画了同一地方的其他结构。这种现象在排位图中很常见。

模具的组立图完全是为了清楚地表达模具内部结构,在尽量少用虚线的前提下,有时候在某个局部不会按照正规机械制图来画,否则,模具内部结构难以表达。

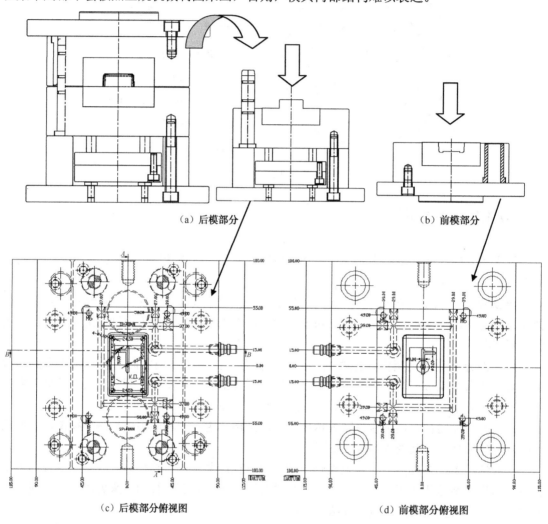

(a) 后模部分　　　　　　　　　　　　(b) 前模部分

(c) 后模部分俯视图　　　　　　　　　(d) 前模部分俯视图

图 10-2

第 10 章 注塑模具实际案例

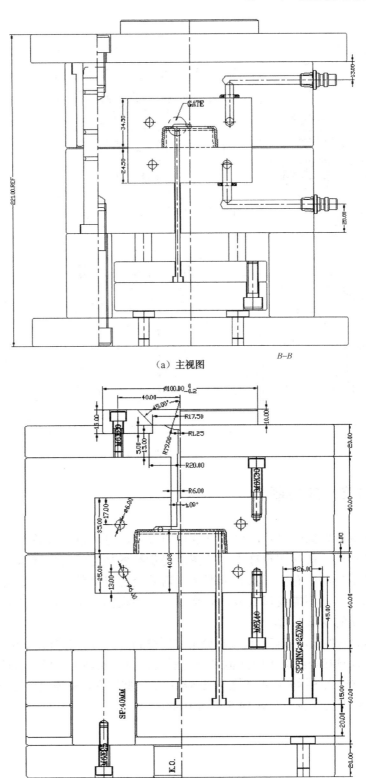

(a) 主视图

(b) 侧视图

图 10-3

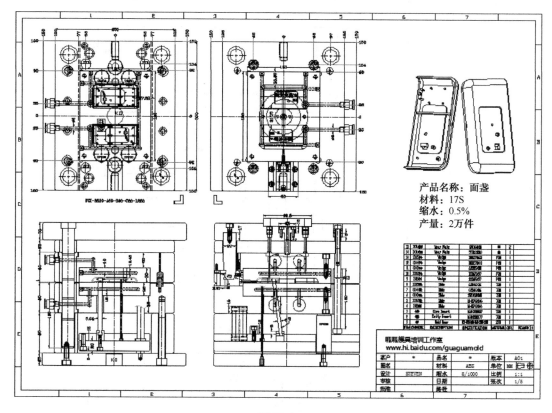

图 10-4

10.1.3 散件图

组立图可以标注尺寸，尺寸可以标的很全，也可以把大致尺寸标注出来，在散件图上再详细标注。散件图也称为零件图。提供给各加工师傅做参考。一套模具中哪些是需要出散件图的呢？有些厂家要求严格，需要全部出散件，除了极其个别的零件外，如螺钉。有的厂家就不需要那么多，只是要求一些板类、模仁出散件即可。这个要分情况，根据各厂家的要求不同。

简单的散件图，可直接通过拆分组立图得到，例如，要画前模底板的散件图，由于很简单，就可以直接把组立图中其他多余的图元删掉，就剩下前模底板即可。但对于较为复杂的，或仅靠组立图拆分还不能完整表达结构的一些零件，就需要通过 3D 软件转图得到，这样更加详细而且容易，如图 10-5 和图 10-6 所示。

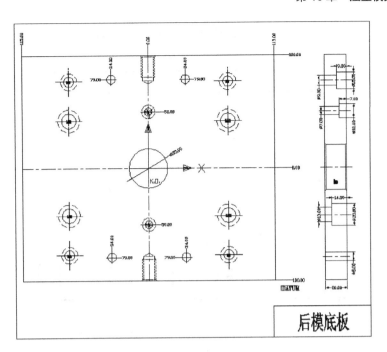

图 10-5

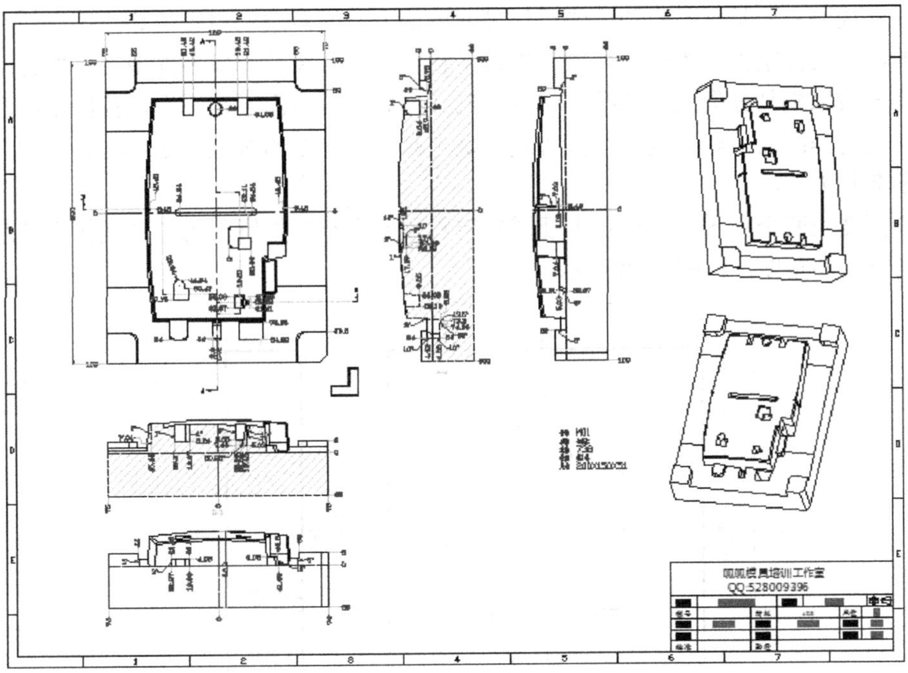

图 10-6

10.1.4 线割图

线割图是专门供线切割机床加工时参考的图纸。线割的部位一般有两种：一种是模具镶件、顶针、司筒等；另一种是斜顶。

镶件的线割图较为简单，只需将除镶件部分以外的其他图删掉，标注必要的尺寸即可，如图 10-7 所示。

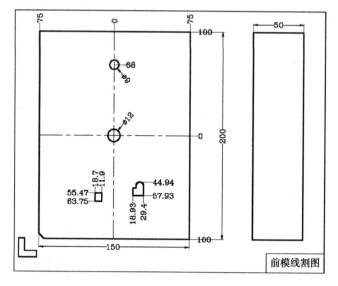

图 10-7

斜顶的线割主要是割出斜顶位的滑动导向位部分，而斜顶的封胶位和水平定位是无法线割出来的，需要打电火花才行。如果斜顶数量较多，而且模具一模多件型芯高度也不一样的情况下，一般以模具分型面为基准面将型芯剖开；如果分型面不是平面，找出型芯上一个比较大的平面为基准面，好让线割师傅碰线以确定高度。出图的时候一定要将斜顶的直身位去除，否则会割大的。

线割图要出两个视图，一个是主视图确定斜顶的大小及位置，另一个是俯视图或左视图确定倾斜方向和角度，如图 10-8 所示。

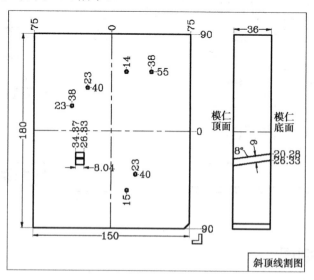

图 10-8

10.1.5 冷却水路图

为了加工方便,有些厂是要将冷却水路单独出一张图的。实际上,在画组立图的时候,已经把水路设计了,可直接在组立图上拆画即可,如图10-9所示。

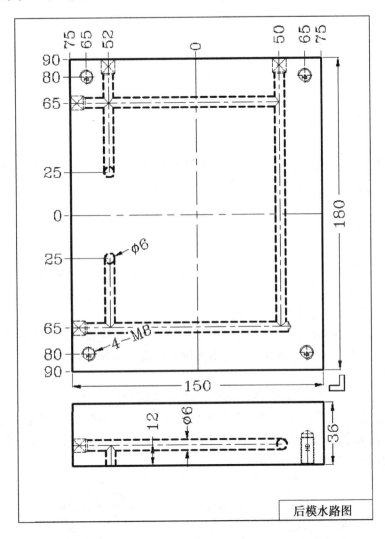

图 10-9

10.2 设计案例

如图10-10所示,产品为一面盖,中间有方孔。材料为ABS。客户要求外观面平整,光洁,无飞边、喷痕等瑕疵。客户提供了3D图档。

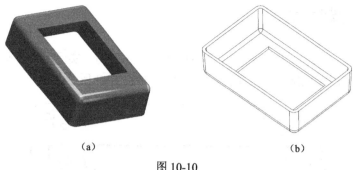

图 10-10

10.2.1 产品分析

使用 Pro/E 软件，对产品进行分析。产品的外形尺寸为 60mm×40mm×15mm，无复杂内部结构，比较简单。经过拔模检测，发现产品已经拔模。

10.2.2 转图

在模具厂，设计师所做的核心工作在于分模和排位。当然，有些厂家可能分工更细，分模和排位分别有人来做。但无论如何，这两方面的工作是少不了的。实际设计时，可先 3D 分模，再 2D 排位；也可先 2D 排位，再 3D 分模。至于先做什么后做什么要完全根据加工现场的实际情况来定，也和设计师个人习惯有关。事实上，分模和排位并没有严格的顺序，为了赶时间，通常情况下是交互进行的。在本案例中，我们纯粹是为了教学，有意识地先排位后分模，请读者留意。

要画模具组立图，需要有产品图，这个可以从三维软件里面转过来，即从 3D 转成 2D。可以得到产品的各个视图，这样将会方便排位操作。对于一些极其简单的产品，可直接用 CAD 画产品，绝大多数的产品，均需要从 3D 软件转到 CAD，才进行排位。使用 Pro/E 对该产品进行转图操作，如图 10-11 所示。

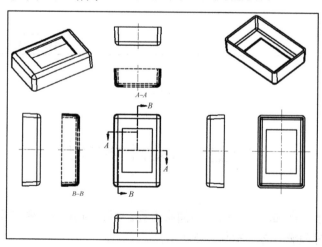

图 10-11

10.2.3 制作产品图及加工图

对转入到 AutoCAD 里面的产品视图进行编辑修改,然后画一份产品图,以备检查,产品图要进行线性标注,对一些关键尺寸进行标注即可,如图 10-12 所示;另外,尚需画一份加工图,这个图供加工时核对检查,需要采用坐标标注,如图 10-13 所示。

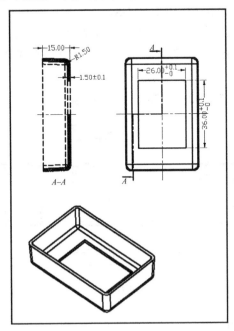

图 10-12

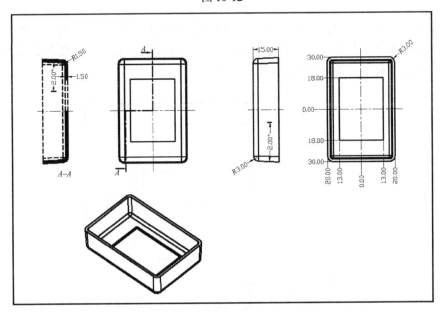

图 10-13

10.2.4 镜像、放缩水（作排位所需用图）

不能用转来的图直接进行排位，因为产品图还没有做镜像处理。首先需要对产品做镜像处理，因为模具的图形刚好是与产品图形相反的，镜像时只需把产品的前、后视图镜像即可，剖视图无须镜像。

镜像之后要放缩水，本产品材料采用 ABS，所以缩水率取 0.5%。如果产品在 3D 里面已经过放缩水，CAD 里面就不必再放缩水了。镜像及放过缩水的产品图可以用来排位了，为了和此前的产品图有所区别，一般要打上 SC:1.005 AND MIRROR 标记，如图 10-14 所示。

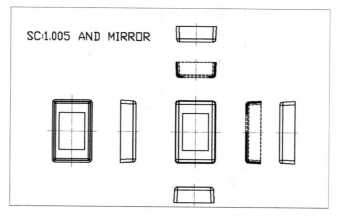

图 10-14

10.2.5 定内模料

接下来，开始排位，首先定内模料，也就是确定模仁的大小。模仁的长宽可根据产品的单边加上 25mm 来算，如果是精密模具和出口模，则可按 30mm 来算。然后要注意保证长、宽取整数，且要各自对称模具中心，如图 10-15 所示。

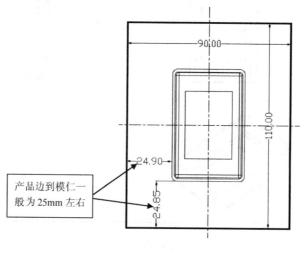

图 10-15

内模料的高度尺寸如图 10-16 所示。

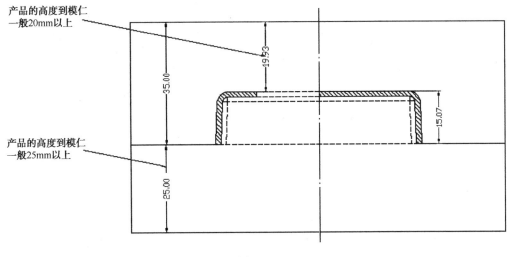

图 10-16

10.2.6 调模架

先测量模仁的长和宽，一般来说模架的单边要比模仁的长边宽边多 50mm，例如，如果测量到模仁的长为 110mm，宽为 90mm。则 90+50×2=190mm，110+50×2=210mm，我们就要调用长为 210mm 宽为 190mm 的模架，代号为 1921。

但在调用过程中不一定正好有这种型号，我们可以分别调用数值与 1921 差不多的模架，如 1820，1823，2020 的都可以，因为我们在调用时不可能一次性准确的调用到合适的模架，最后我们还需要通过检查来选择。

（1）在检查时最先应检查的就是模架顶针板的宽度是否大于等于模仁的宽度，如果顶针板的宽度小于模仁的宽度，则此模架不合适，不能调用。但顶针板的宽度也不必要比模仁的宽度大得太多，否则也是不科学的。

（2）其次是测量模架的顶出距离，一般来说，顶出距离要比产品的高度多出 5mm，如果产品的高度为 10mm，则顶出距离要 15mm 以上。如果顶出距离不符合要求，则需要选用其他模架。

（3）复位针上的弹簧顶边距内模仁的距离要保证在 10mm 以上（针对于小于 3535 模架的小模具），如果大于 3535 的模架，则要保证在 20mm 以上。

根据以上情况，我们选取 1820 的模架比较合适。确定模架型号后，就要确定 A、B 板的高度了。对于二板模：A 板的高度=前模仁高度+25mm 或 35mm（小模）

　　　　　　　　　　A 板的高度=前模仁高度+35mm 或 40mm（大模）

　　　　　　　　　　B 板的高度=后模仁高度+35mm

注意：A、B 板要留有 0.2~0.5mm（精密模）、1mm（小模，普通模）或 2mm（大型模）的间隙。

模架确定后，把模仁装配进模架，模具中心要重合。删除不必要的线条，设计模仁的紧固螺钉，并对模仁角做避空处理，如图 10-17 所示。

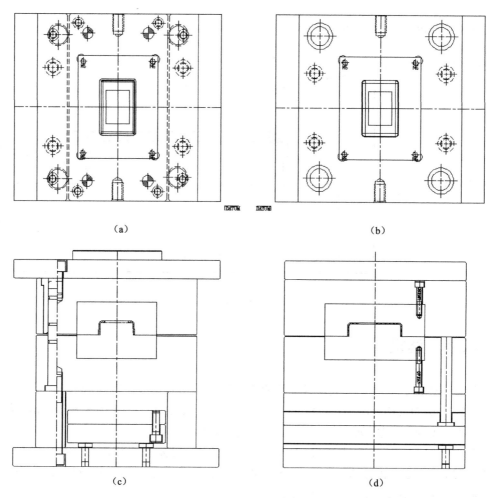

图 10-17

10.2.7 完善组立图

接下来需要设计浇注系统、顶出系统、运水系统等,并对组立图进行标注,再设计明细表等项目,在此不再一一示意。如图 10-18～图 10-21 所示。

注意: 后模视图和前模视图以坐标标注方式作标注,主视图和侧视图则采用线性标注表示部件大小或高度。标注前、后模视图时一定要把内模料长宽高、模胚长宽、标注原点、进胶口、螺钉位置、运水、流道、顶针等清楚明确地表达出来,而且还要求美观易看。不能漏标或多标,标注是一件需要细心和耐性的事情。

组立图的标注可以标的很复杂,也可以标的很简单,这个必须根据加工现场要求来定,如果不出散件图的话,那么组立图会标得很详细;如果还出散件图,那么组立图只需把一些关键尺寸标好即可。

第 10 章 注塑模具实际案例

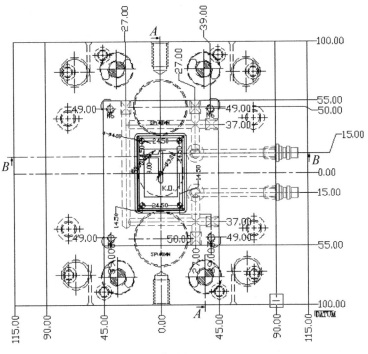

后模视图

图 10-18

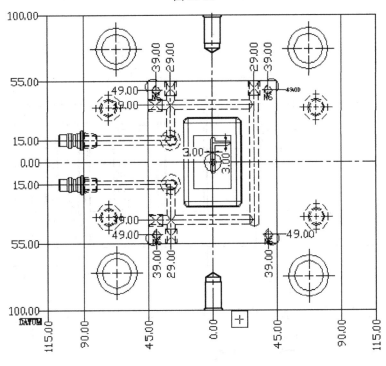

前模视图

图 10-19

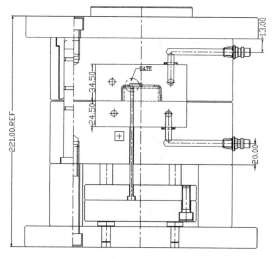

主视图

图 10-20

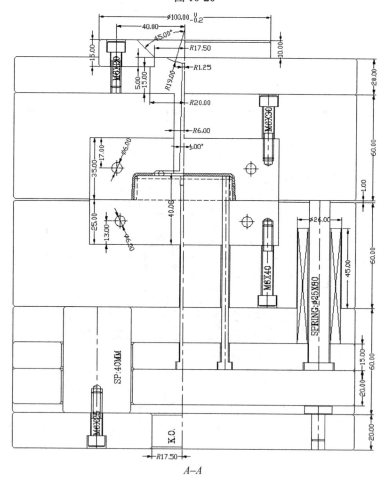

A—A

侧视图

图 10-21

为了清楚地表达出浇口的尺寸，还要作一个进胶的局部放大图，如图 10-22 所示。

图 10-22

加上图框，并填写标题栏及明细表（BOM 表），最终完成的组立图如图 10-23 所示。

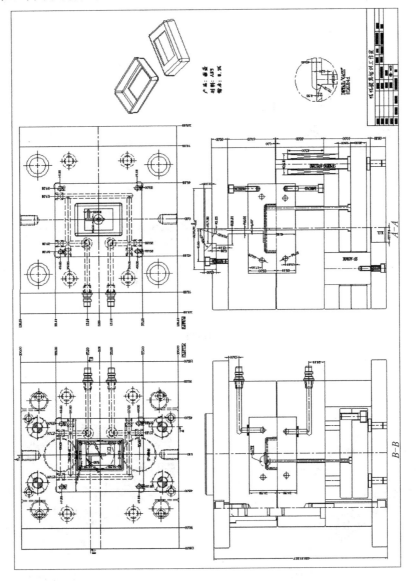

图 10-23

10.2.8 分模

分模是根据产品模型,从而把模具分开,也就是自动生成前、后模仁,这是模具的核心零件,属于模具的成型部分。分模的工作一般在排位定完内模料之后就可以开始了,当然也有一开始就先分模的。分模的目的是得到 CNC 加工所需要的 PRT 文件,即刀路编程的零件模型。本案例采用 Pro/E 进行分模,具体过程不再演示,分模效果如图 10-24、图 10-25 所示。

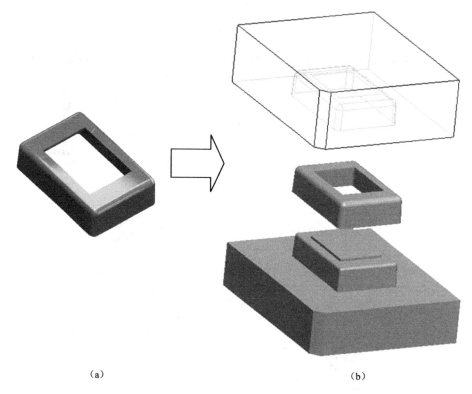

(a)　　　　　　　　　　　　　(b)

图 10-24

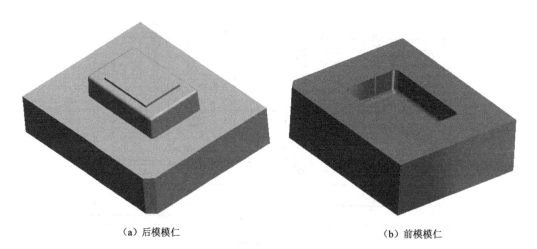

(a)后模模仁　　　　　　　　　　　　　(b)前模模仁

图 10-25

10.2.9 散件图

大部分的散件图可直接从组立图里面拆画，但对于涉及到胶位的零件，如前/后模仁，就需要分模后，从 Pro/E 里面转图，然后在 CAD 里面标数，如图 10-26～图 10-35 所示。

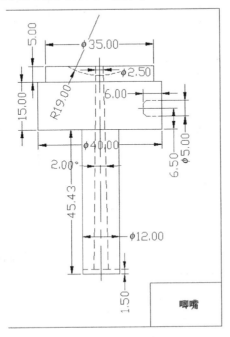

图 10-26

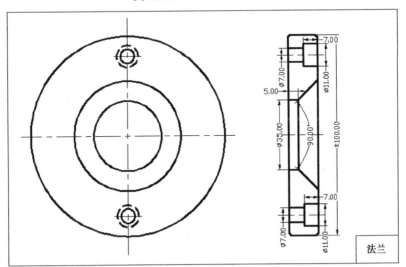

图 10-27

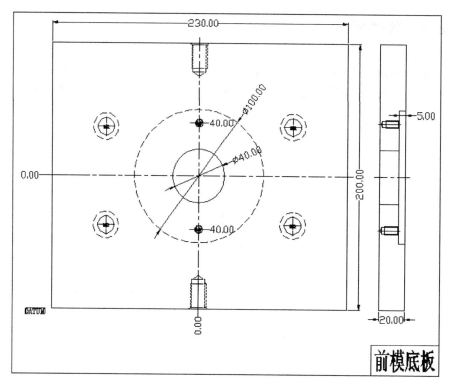

图 10-28

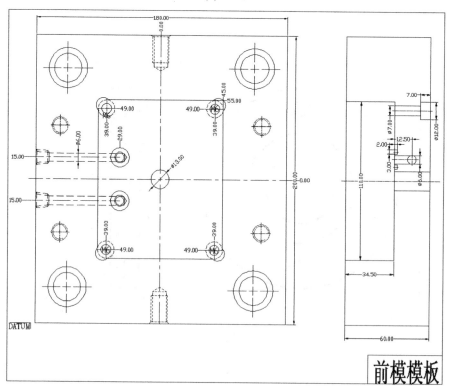

图 10-29

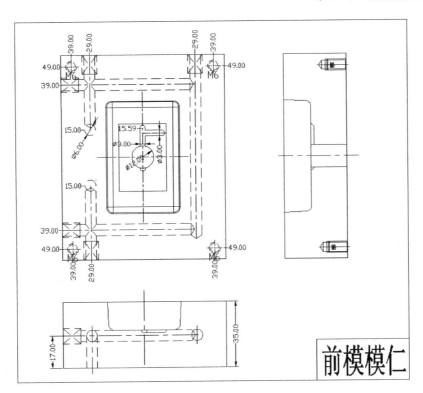

图 10-30

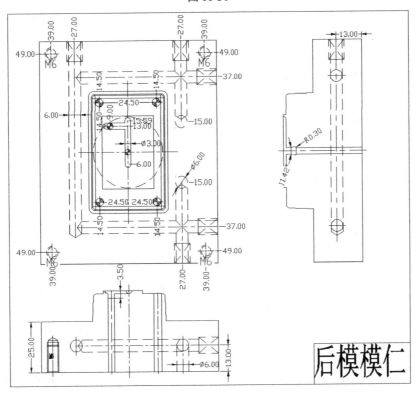

图 10-31

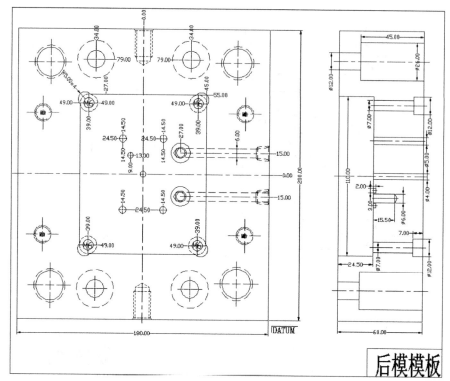

图 10-32

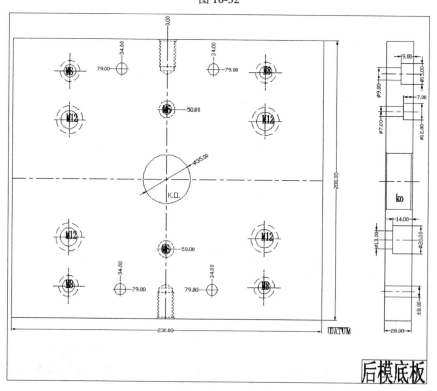

图 10-33

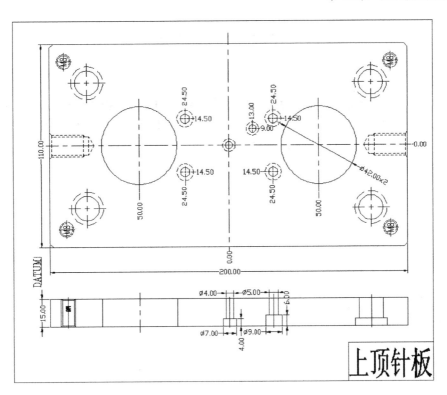

图 10-34

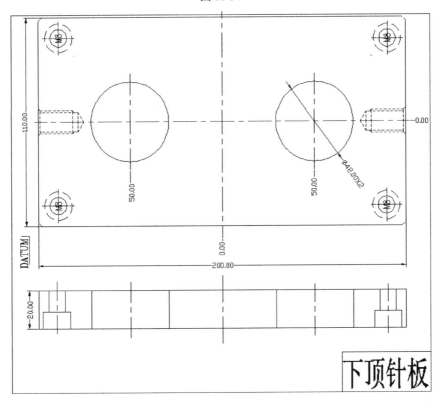

图 10-35

10.3 小结

　　本章介绍了是一套模具的简单设计步骤，涉及到 CAD 排位和 Pro/E 分模的内容，此处做了省略，这主要是因为 CAD 排位和 Pro/E 分模各成体系，有各自不同的操作方法，已非本书范围，就不在本书中叙述，感兴趣的读者可关注本丛书的另外两本。

附录 A　常用模具标准件

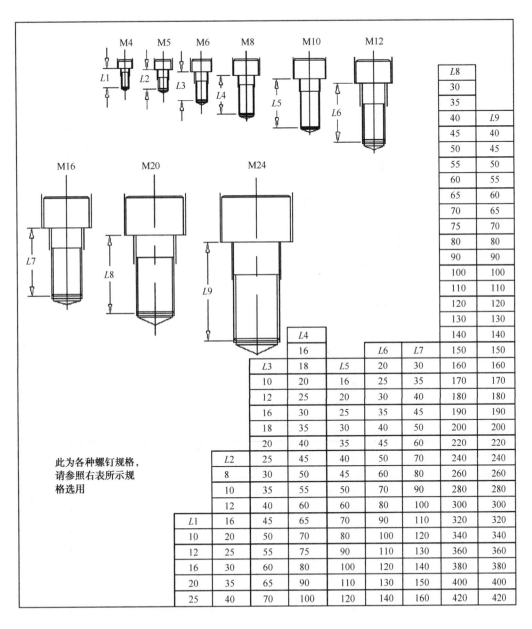

图 A-1

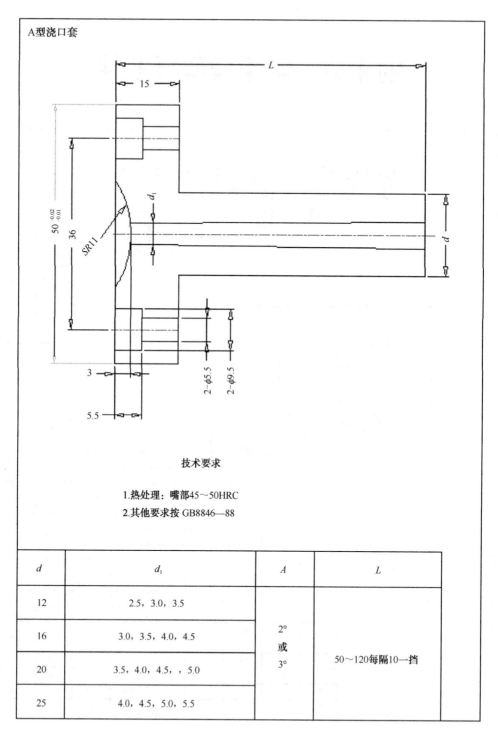

A型浇口套

技术要求

1. 热处理：嘴部45～50HRC
2. 其他要求按 GB8846—88

d	d_1	A	L
12	2.5，3.0，3.5	2° 或 3°	50～120每隔10一挡
16	3.0，3.5，4.0，4.5		
20	3.5，4.0，4.5，，5.0		
25	4.0，4.5，5.0，5.5		

图 A-2

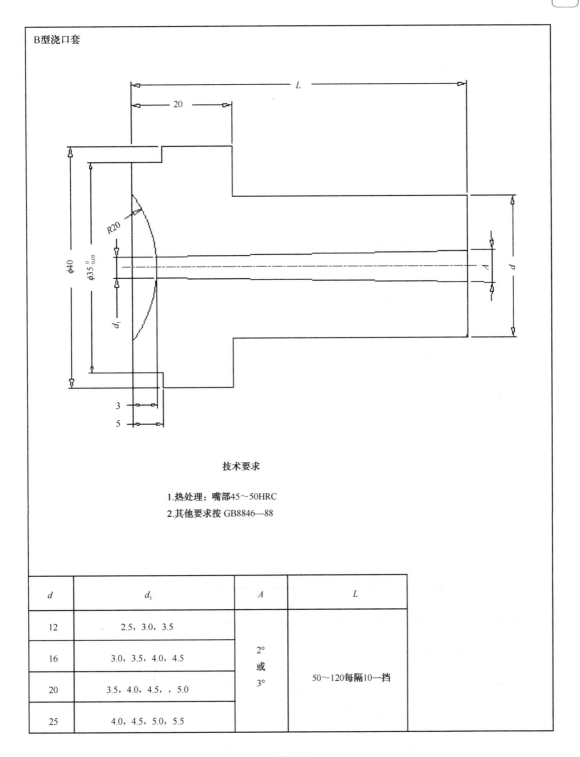

图 A-3

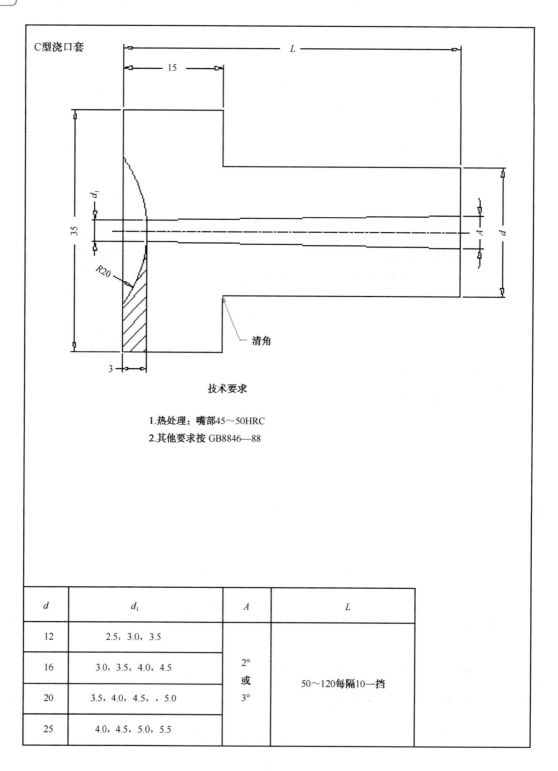

d	d_1	A	L
12	2.5, 3.0, 3.5	2°或3°	50～120每隔10一挡
16	3.0, 3.5, 4.0, 4.5		
20	3.5, 4.0, 4.5, , 5.0		
25	4.0, 4.5, 5.0, 5.5		

图 A-4

附录 A　常用模具标准件

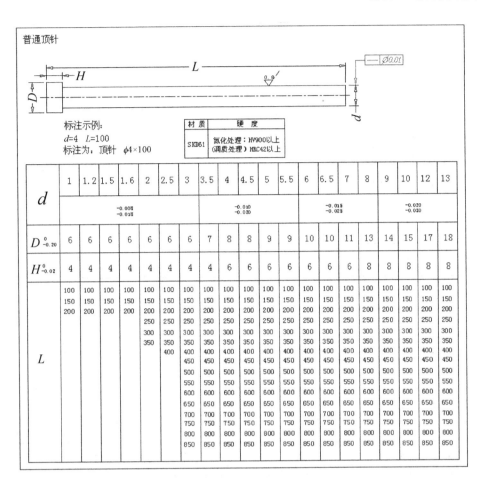

图 A-5

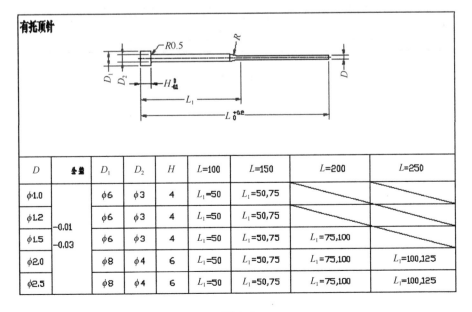

图 A-6

扁顶针

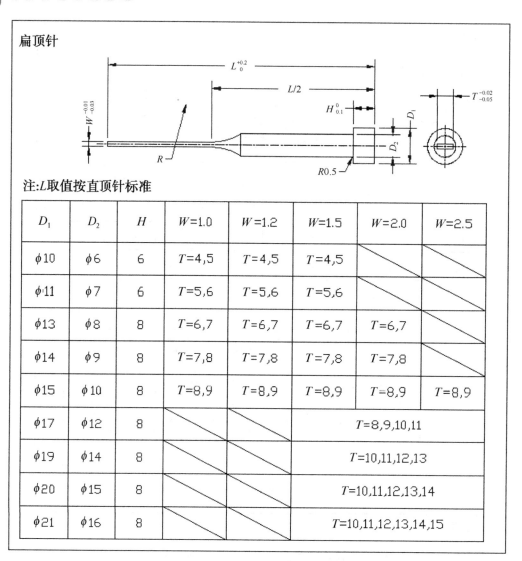

注:L取值按直顶针标准

D_1	D_2	H	$W=1.0$	$W=1.2$	$W=1.5$	$W=2.0$	$W=2.5$
$\phi 10$	$\phi 6$	6	$T=4,5$	$T=4,5$	$T=4,5$		
$\phi 11$	$\phi 7$	6	$T=5,6$	$T=5,6$	$T=5,6$		
$\phi 13$	$\phi 8$	8	$T=6,7$	$T=6,7$	$T=6,7$	$T=6,7$	
$\phi 14$	$\phi 9$	8	$T=7,8$	$T=7,8$	$T=7,8$	$T=7,8$	
$\phi 15$	$\phi 10$	8	$T=8,9$	$T=8,9$	$T=8,9$	$T=8,9$	$T=8,9$
$\phi 17$	$\phi 12$	8			$T=8,9,10,11$		
$\phi 19$	$\phi 14$	8			$T=10,11,12,13$		
$\phi 20$	$\phi 15$	8			$T=10,11,12,13,14$		
$\phi 21$	$\phi 16$	8			$T=10,11,12,13,14,15$		

图 A-7

附录 B 不同塑料所用钢材参考

中 文 名 称	英 文 名 称	收缩率/%	钢 材 选 用
聚乙烯	PE	2.0	前模 718H 后模 738H
聚丙烯	PP	1.6	前模 718H 后模 738H
聚丙烯（透明）	PP（透明）	1.6	前模 718H 后模 738H
通用聚苯乙烯	GPPS	0.5	前模 718H 后模 738H
高冲击聚苯乙烯	HIPS	0.5	前模 718H 后模 738H
聚甲基丙烯酸甲酯	PMMA	0.5	前模 136H 后模 136H
聚甲醛	POM	1.8	前模 136H 后模 136H
聚甲酸酯	PC	0.5	前模 718H 后模 738H
聚甲酸酯（透明）	PC（透明）	0.5	前模 136H 后模 136H
烯-丁二烯-丙烯腈共聚物	ABS	0.5	前模 718H 后模 738H
尼龙	PA	1.8	前模 136H 后模 136H
尼龙+30%玻钎	PA+30%GF	0.5	前模 136H 后模 136H
聚氯乙烯	PVC	2.0	前模 136H 后模 136H
苯乙烯-丙烯腈共聚物	AS（SAN）	0.5	前模 136H 后模 136H
电木	PF	0.8	前模 8407H 后模 8407H

附录 C 常见制品缺陷及产生原因

1. 短射

短射是指由于模具模腔填充不完全而造成制品不完整的质量缺陷,即熔体在完成填充之前就已经凝结。

1) 产生原因

(1) 流动受限,由于浇注系统设计的不合理导致熔体流动受到限制,流道过早凝结。

(2) 出现滞留或制品流程过长,过于复杂。

(3) 模具温度或者熔体温度过低,降低了熔体的流动性,导致填充不完全。

(4) 成型材料不足,注塑机注塑量不足或者螺杆速率过低也会造成短射。

(5) 注塑机缺陷,入料堵塞或螺杆前端缺料等,都会造成压力损失和成型材料体积不足,形成短射。

2) 解决方案

(1) 避免滞流现象产生。

(2) 尽量消除气穴,将气穴放置在容易排气的位置或者是利用顶杆排气。

(3) 增加模具温度和熔体温度。

(4) 增加螺杆速率,螺杆速率的增加会产生更多的剪切热,降低熔体黏性,增加流动性。

(5) 改进制件设计,平衡流道,尽量减小制件的厚度差异,减小制件流程的复杂程度。

(6) 更换成型材料,选用具有较小黏性的材料,材料黏性小,易于填充,同时降低了注塑压力。

(7) 增加注塑压力。

2. 气穴

气穴是指由于熔体前沿汇聚而在塑料内部或者模腔表层形成气泡。气穴的出现有可能导致短射的发生,造成填充不完全和保压不充分。形成最终制件的表面瑕疵,甚至可能由于气体压缩产生热量出现焦痕。

1) 产生原因

(1) 滞留。

(2) 流长不平衡,即使制件厚度均匀,各个方向上的流长也不一定相同。

(3) 排气不充分,在制件最后填充区域缺少排气口或者是排气口不足。

(4) 跑道效应。

2) 解决方案

(1) 平衡流长。

(2) 避免出现滞流和跑道效应,修改浇注系统,使最后填充区域位于易排气位置。

(3) 排气充分,将气穴放置在容易排气的位置或者利用顶杆排放气体。

3. 熔接痕和熔接线

当两个或多个流动前沿融合时，会形成熔接痕或熔接线。两者的区别在于融合流动前沿夹角的大小。

熔接线位置上的分子趋向变化强烈，因此，该位置的机械强度明显减弱。熔接痕要比熔接线的强度大，视觉上的缺陷也不如熔接线明显。熔接痕和熔接线出现的部位还有可能出现凹陷、色差等质量缺陷。

1）产生原因

由于制件的几何形状，填充过程中出现两个或者两个以上流动前沿，易形成熔接痕。

2）解决方案

（1）增加模具温度和熔体温度，使两个相遇的熔体前沿融合得更好。

（2）增加螺杆速率。

（3）改进浇注系统的设计，在保持熔体流动速率前提下减小流道尺寸，以产生摩擦热。

（4）如果不能消除熔接线和熔接痕，那么应使其位于制件上较不敏感的区域，以防止影响制件的机械性能和表观质量。改变浇口位置和制件壁厚都可改变浇口位置。

（5）在重要熔接痕位置上方设立热流道，提高该处熔体前沿汇交时的温度，从而消除熔接痕。

4. 滞留

滞留是指某个流动路径上的流动变缓甚至停止。

1）产生原因

（1）制件的壁厚有差异。如果流动路径上壁厚差异，熔体会先选择阻力较小的壁厚区域填充，这会造成薄壁区域填充缓慢或者停止填充。

（2）滞留通常出现在筋、制件上与其他区域存在较大厚度差异的薄壁区域等。滞流产生制件表面变化，导致保压效果低劣、高应力和分子趋向不均匀，降低制件质量。如果滞留的流动前沿完全冷却，那么成型缺陷就由滞留变为短射。

2）解决方案

（1）浇口位置远离可能发生滞流的区域，尽量使容易发生滞流的区域成为最后填充区域。

（2）增加容易发生滞流区域的壁厚，从而减小其对熔体流动的阻力。

（3）选用黏度较小的成型材料。

（4）增加注塑速率，以减少滞流时间。

（5）增大熔体温度，使熔体更容易进入滞流区域。

5. 飞边

飞边主要是指在分型面或者是顶杆部位从模具模腔溢出的一薄层材料。飞边仍然和之间相连，通常需要手工清除。

1）产生原因

（1）模具分型面闭合性差，模具变形或者存在阻塞物。

（2）锁模力过小，锁模力必须大于模具模腔内的压力，有效保证模具闭合。

（3）过保压。
（4）成型条件有待优化，如成型材料粘度、注塑速率、浇注系统等。
（5）排气位置不当。
2）解决方案
（1）确保模具分型面能很好的闭合。
（2）避免保压过度。
（3）选择具有较大锁模力的注塑机。
（4）设置合适的排气位置。
（5）优化成型条件。

6. 跑道效应

跑道效应指在制件薄壁区域充满之前熔体已经完成了对厚壁区域的填充。
1）产生原因
流动不平衡，易产生气穴和熔接痕。
2）解决方案
壁厚的差异有时是无法避免的，应尽量使模腔内的流动平衡。方式：改变浇口位置或者采用多点进浇的浇注系统实现平衡流动。

7. 过保压

过保压是指当一个流程还在进行填充时，另一个流程已经开始压实过多填充的材料。
1）产生原因
当制件最易填满的流程完成填充后，这个区域就会出现过保压现象。此时，由于其他区域还未完成填充，注塑压力会继续将熔体向这个已经填满的区域推进，从而形成高密度、高压应力区域，形成过保压的主要原因是流动不平衡。
2）解决方案
（1）建立平衡流动。
（2）选择适当的浇口位置使各个方向的流长尽量相等。
（3）去掉不必要的浇口。

8. 色差

色差是指由于成型材料颜色发生变化而出现的制件色彩缺陷。
1）产生原因
材料的降解。过大的注塑速率、过高的熔体温度以及不合理的螺杆和浇注系统都会引起材料的降解。
2）解决方案
（1）优化浇注系统的设计。
（2）修改螺杆设计。
（3）选用较小注塑量的注塑机。
（4）优化熔体温度。

（5）优化背压、螺杆旋转速率和注塑速率。
（6）设置合理的排气位置。

9. 喷射

当熔体以高注射速率经过流动受限的区域（如喷嘴、浇口），再进入面积较大的厚壁模腔时，会形成蛇形喷射流。

1）产生原因
（1）螺杆速率过高。
（2）浇口位置不合理，熔体与模具接触性差，容易导致喷射产生。
（3）浇注系统设置不合理。

2）解决方案
（1）优化浇注系统的位置和浇口类型，改变浇口类型以降低熔体剪切速率和剪切应力。
（2）优化螺杆速率曲线。

10. 不平衡流动

不平衡流动是指在其他流程还未填充满之前，某些流程已经完全充满。平衡流动是指模具末端在同一时间完成填充。

1）产生原因

流动不平衡以及制件壁厚差异都可能引起流动不平衡。不平衡流动可能导致产生许多成型问题，如飞边、短射、制件密度不均匀、气穴和产生过多熔接线等。

2）解决方案
（1）增加或减小区域壁厚来增强或减缓某个方向上的流动，从而获得平衡。
（2）优化浇口位置。

总结：塑料成型过程中各个参数之间相互影响，因此，单纯解决一种成型问题有可能会引发其他的成型问题，所以解决成型问题时应该兼顾成型质量整体的优劣。

附录 D 最常用热塑性塑料的介绍

名称	单位/(/kg/cm³)	特 性	用 途	缩水/%
ABS	1.02~1.16	耐冲击,引张强度和刚性都高,这些性质在低温中也不会改变。另有相当的耐热性能,耐化学药品,尺寸安定,加工容易,并且材料价格便宜	电器零件、收音机外壳、吸尘器零件等	0.3~0.8
PS	1.04~1.06	无色透明,硬而稍脆,耐水性好,电气绝缘性非常优越,不受强酸和强碱侵犯,但对有机溶剂缺耐力,耐热性不太好。此外,它成形性非常好,可自由着色,但稍脆	餐桌用品、商品容器、玩具、水果盘、牙刷、肥皂盒等	0.2~1.0
PE	0.91~0.93	乳白色半透明或者不透明,比水轻,柔软,耐水性,电气绝缘性、耐酸性都非常好。对大多数药品安定,易成形。但是它耐热性不好,化学性能也不活泼,导致印刷和接着不良	各种瓶子、渔网、粗绳、电话架线、切菜板、垃圾箱、胶膜等	0.5~2.5
PC	1.02	无色至淡黄色透明,引张强度,耐冲击性大。这些性质可与金属材料相比较,且不会因温度而有太大变化。抗紫外线。但需 220~230°C 才能软化熔融,黏度也大,故成形较难,需高温高压	安全帽及各种机械零件、计量器外壳、电气机械零件	0.4~0.7
PA	1.13~1.15	强韧、表面呈油滑且耐磨、吸振性强、耐热、耐寒、由高温到低温都可安定使用,耐药品、一般都容易吸湿,尺寸与强度会因此而有太大变化	常专用于收音机、复印机、溜冰鞋底、刷子毛、梳子、枪壳等	0.6~2.5
PP	0.9~0.91	耐热性和强度都很高,密度只有 0.9~0.92。是最轻的塑胶。透明性好,抗拉强度与表面硬度都大,但是在低温时不耐冲击,不耐紫外线	电器外壳、渔网、粗绳、水桶、食器、管类、滤布、胶膜等	1.0~2.5
PMMA	1.17~1.20	与 PS 料一样是塑胶材料透明度最佳者,耐候性也好,较难割伤,可为板状的有机玻璃,也可加热弯曲成曲面,可着色成华丽的色调	汽车零件、照明罩、光学透镜、假牙、隐形眼镜等	0.2~0.8
PVC	软 1.16~1.35	强度、电气绝缘性、耐药品性、加可塑剂会软化、耐热性不很好	软 PVC 可做桌布、包装膜、手提包、化学鞋等	1.5~3.0
PVC	硬 1.35~1.45		硬 PVC 可做招牌、电气零件、耐药品器具等	0.6~1.5

注:1. 以上数据仅供参考;

2. 热固性塑料并未列出,可参考相关资料。

附录 E　常用模具名称汇总

唧嘴——浇口衬套
法兰——定位环
扶针——回针
垃圾钉——顶针板止停销
杯头螺钉——内六角沉孔螺钉
前模——又称 A 模或定模
后模——又称 B 模或动模
行位——滑块
钶——镶在后模上的芯子（或称为模仁）
锣床——铣床
锣床批士——铣床虎口钳
磨床批士——磨床打直角虎门钳
匙把捌——活钳或开口扳手的一种称呼
牙嗒——丝攻
坑手——攻牙用的扳手
机转——铁圆规
奔子——磨成尖头用于敲击划线相交定位点的工具
止口——夹口美术线，又称遮丑线
啤把——拨模斜度
火箭脚——位于司柱的加强筋
机米螺钉——无头螺钉
斜导柱——斜边
锁紧块——铲鸡
虎钳——批士
C 形夹——虾公码
钻孔——钻窿
加工中心——电脑锣
环保标志——回收章
细水口——针点浇口
镶件——入子
排气槽——逃气道
披锋——毛边
加胶——加料

密封圈——胶圈
中托司——顶出导柱（套）、哥林柱
水口扣针——拉料顶针
插穿（碰穿）——靠破
晒纹——咬花
波子螺钉——定位珠
水口边——细水口或简化型模胚的从水口板上贯下来的那支导柱
零度块——方形辅助器
斜顶——斜方
水塔、水桶——模仁上钻个深孔，中间用铜片隔开，运水一边进一边出来冷却
水喉，水嘴——冷却水接口
铜公——放电用的电极
弹弓——弹簧
入水——进胶点
飞模——合模
放电——打火花
省模，打光——抛光
光刀——CNC精加工加工模仁，多用于公模
开粗——粗加工，留少许余量
开框——模胚上加工放模仁的位置
穿线孔——线割时用来穿钼丝的
加强筋——加强用的骨位
美工线——上下盖装配的中间的间隙（可有效防上错位）
行位——滑块
司筒——套筒
入子——镶件（INSERT）入子为我国台湾的叫法
KO孔——顶棍孔
司筒针——套筒针
撑头——支撑柱（防止B板变形的）
铲鸡——行位锁紧块
治具——工具
喉嘴——水管头
行位波仔——滑块斜器
水口板——流道板
产品的夹线——分型线
运水——冷却水道
回针——复位顶针
撬模位——用来分开A、B板的
码模坑——注射时固定上、下模的

附录F 我国模具发展现状及趋势

模具生产技术水平的高低，已成为衡量一个国家产品制造水平高低的重要标志，因为模具在很大程度上决定着产品的质量、效益和新产品的开发能力。随着我国加入WTO，我国模具工业的发展将面临新的机遇和挑战。

我国的模具工业的发展，日益受到人们的重视和关注。"模具是工业生产的基础工艺装备"也已经取得了共识。在电子、汽车、电机、电器、仪器、仪表、家电和通信等产品中，60%～80%的零部件都要依靠模具成型。用模具生产制件所具备的高精度、高复杂程度、高一致性、高生产率和低消耗，是其它加工制造方法所不能比拟的。模具又是"效益放大器"，用模具生产的最终产品的价值，往往是模具自身价值的几十倍、上百倍。目前全世界模具年产值约为600亿美元，日、美等工业发达国家的模具工业产值已超过机床工业。

1. 我国模具技术的现状

1）冲模

以大型覆盖件冲模为代表，我国已能生产部分轿车覆盖件模具。轿车覆盖件模具设计和制造难度大，质量和精度要求高，代表覆盖件模具的水平。在设计制造方法、手段上已基本达到了国际水平，模具结构功能方面也接近国际水平，在轿车模具国产化进程中前进了一大步。但在制造质量、精度、制造周期和成本方面，与国外相比还存在一定的差距。标志冲模技术先进水平的多工位级进模和多功能模具，是我国重点发展的精密模具品种，在制造精度、使用寿命、模具结构和功能上，与国外多工位级进模和多功能模具相比，仍存在一定差距。

2）塑料模

近年来，我国塑料模有很大的进步。在大型塑料模方面，已能生产34英寸大屏幕彩电塑壳模具，6kg大容量洗衣机全套塑料模具及汽车保险杠和整体仪表板等塑料模具。在精密塑料模具方面，已能生产多型腔小模数齿轮模具和600腔塑封模具，还能生产厚度仅为0.08mm的一模两腔的航空杯模具和难度较高的塑料门窗挤出模等。内热式或外热式热流道装置得以采用，少数单位采用了具有世界先进水平的高难度针阀式热流道模具，完全消除了制件的浇口痕迹。气体辅助注射技术已成功得到应用。在精度方面，塑料模型腔制造精度可达0.02～0.05mm（国外可达0.005～0.01mm），分型面接触间隙为0.02mm，模板的弹性变形为0.05mm，型面的表面粗糙度值为Ra0.2～0.25μm，塑料模寿命已达100万次（国外可达300万次），模具制造周期仍比国外长2～4倍。这些标志着模具总体水平的参数指标与国外相比尚有较大差距。

3）压铸模

汽车和摩托车工业的快速发展，推动了压铸模技术的发展。汽车发动机缸罩、盖板、变速器壳体和摩托车发动机缸机、齿轮箱壳体、制动器、轮毂等铝合金铸件模具以及自动扶梯级压铸模等，我国均已能生产。技术水平有所提高，使汽车、摩托车上配套的铝合金压铸模大部分实现了国产化。在模具设计时，注意解决热平衡问题，合理确定浇注系统和冷却系统，并根据制造要求，采用了液压抽芯和二次增压等结构。总体水平有了较大提高。压铸模制造精度可达 0.02～0.05mm（国外 0.01～0.03mm），型腔表面粗糙度值为 $Ra0.4～0.2\mu m$（国外为 $Ra0.02～0.01\mu m$），模具制造周期为中小型模具为 3～4 个月，中等复杂模具为 4～8 个月，大型模具为 8～12 个月，约为国外的 2 倍。模具寿命：铝合金铸件模具一般为 4～8 万次，个别可超过 10 万次，国外可达 8～15 万次以上。

4）模具 CAD/CAE/CAM 技术

模具 CAD/CAE/CAM 技术是改造传统模具生产方式的关键技术，能显著缩短模具设计与制造周期，降低生产成本，提高产品质量。它使技术人员能借助于计算机对产品、模具结构、成形（型）工艺、数控加工及成本等进行设计和优化。以生产家用电器的企业为代表，陆续引进了相当数量的 CAD/CAM 系统，实现了 CAD/CAM 的集成，并采用 CAE 技术对成形（型）过程进行计算机模拟等，数控加工的使用率也越来越高，取得了一定的经济效益，促进和推动了我国模具 CAD/CAE/CAM 技术的发展。

近年来，我国自行开发的有上海交大的冲裁模 CAD/CAM 系统；北京北航海尔软件有限公司的 CAXA 系列软件；吉林金网格模具工程研究中心的冲压 CAD/CAE/CAM 系统等，为进一步普及模具 CAD/CAM 技术创造了良好条件。目前我国计算机辅助技术的软件开发，尚处于较低水平，需要知识和经验的积累。

5）模具标准件

模具标准件对缩短模具制造周期，提高质量、降低成本，能起很大作用。因此，模具标准件越来越广泛地得到采用。模具标准件主要有冷冲模架、塑料模架、推杆和弹簧等。新型弹性元件如氮气弹簧也已在推广应用中。

6）模具材料与热处理

模具材料的质量、性能、品种和供货是否及时，对模具的质量和使用寿命以及经济效益有着直接的重大影响。近年来，国内一些模具钢生产企业已相继建成和引进了一些先进工艺设备，使国内模具钢品种规格不合理状况有所改善，模具钢质量有较大程度的提高。但国产模具钢钢种不全，不成系列，多品种、精料化、制品化等方面尚待解决。另外，还需要研究适应玻璃、陶瓷、耐火砖和地砖等成型模具用材料系列。

模具热处理是关系能否充分保证模具钢性能的关键环节。国内大部分企业在模具淬火时仍采用盐熔炉或电炉加热，由于模具热处理工艺执行不严，处理质量不高，而且不稳定，直接影响模具使用寿命和质量。近年来，真空热处理炉开始广泛应用于模具制造。

2. 模具技术的发展趋势

1）模具 CAD/CAE/CAM 正向集成化、三维化、智能化和网络化方向发展

（1）模具软件功能集成化。

模具软件功能的集成化要求软件的功能模块比较齐全，同时各功能模块采用同一数据模型，以实现信息的综合管理与共享，从而支持模具设计、制造、装配、检验、测试及生产管理的全过程，达到实现最佳效益的目的。如英国 Delcam 公司的系列化软件就包括了曲面/实体几何造型、复杂形体工程制图、工业设计高级渲染、塑料模设计专家系统、复杂形体

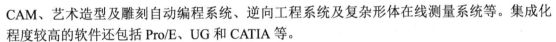

CAM、艺术造型及雕刻自动编程系统、逆向工程系统及复杂形体在线测量系统等。集成化程度较高的软件还包括 Pro/E、UG 和 CATIA 等。

（2）模具设计、分析及制造的 3D 化。

传统的二维模具结构设计已越来越不适应现代化生产和集成化技术要求。模具设计、分析、制造的三维化、无纸化要求新一代模具软件以立体的、直观的感觉来设计模具，所采用的三维数字化模型能方便地用于产品结构的 CAE 分析、模具可制造性评价和数控加工、成形过程模拟及信息的管理与共享。如 Pro/E、UG 和 CATIA 等软件具备参数化、基于特征、全相关等特点，从而使模具并行工程成为可能。另外，Cimatram 公司的 Moldexpert，Delcam 公司的 Ps-mold 及日立造船的 Space-E/mold 均是 3D 专业注射模设计软件，可进行交互式 3D 型腔、型芯设计、模架配置及典型结构设计。澳大利亚 Moldflow 公司的三维真实感流动模拟软件 MoldflowAdvisers 已经受到用户广泛的好评和应用。面向制造、基于知识的智能化功能是衡量模具软件先进性和实用性的重要标志之一。如 Cimatram 公司的注射模专家软件能根据脱模方向自动产生分型线和分型面，生成与制品相对应的型芯和型腔，实现模架零件的全相关，自动产生材料明细表和供 J+加工的钻孔表格，并能进行智能化加工参数设定、加工结果校验等。

（3）模具软件应用的网络化趋势。

随着模具在企业竞争、合作、生产和管理等方面的全球化、国际化，以及计算机软硬件技术的迅速发展，模具软件应用的网络化的发展趋势是使 CAD/CAE/CAM 技术跨地区、跨企业、跨院所在整个行业中推广，实现技术资源的重新整合，使虚拟设计、敏捷制造技术成为可能。美国在《21 世纪制造企业战略》中指出，到 2006 年要实现汽车工业敏捷生产/虚拟工程方案，使汽车开发周期从 80 个月缩短到 8 个月。

2）模具检测、加工设备向精密、高效和多功能方向发展

（1）模具向着精密、复杂、大型的方向发展，对检测设备的要求越来越高。

目前，国内厂家使用较多的有意大利、美国、日本等国的高精度三坐标测量机，并具有数字化扫描功能。实现了从测量实物→建立数学模型→输出工程图纸→模具制造全过程，成功实现了逆向工程技术的开发和应用。

（2）数控电火花加工机床。

日本沙迪克公司采用直线电机伺服驱动的 AQ325L、AQ550LLS-WEDM 具有驱动反应快、传动及定位精度高、热变形小等优点。瑞士夏米尔公司的 NCEDM 具有 P-E3 自适应控制、PCE 能量控制及自动编程专家系统。另外，有些 EDM 还采用了混粉加工工艺、微精加工脉冲电源及模糊控制（FC）等技术。

（3）高速铣削机床（HSM）。

铣削加工是型腔模具加工的重要手段。而高速铣削具有工件温升低、切削力小、加工平稳、加工质量好、加工效率高（为普通铣削加工的 5～10 倍）及可加工硬材料（小于60HRC）等诸多优点。因而在模具加工中日益受到重视。HSM 主要用于大、中型模具加工，如汽车覆盖件模具、压铸模、大型塑料模等曲面加工。

（4）模具自动加工系统的研制和发展。

随着各种新技术的迅速发展，国外已出现了模具自动加工系统，这也是我国长远发展的目标。模具自动加工系统应有如下特征：多台机床合理组合；配有随行定位夹具或定位盘；

有完整的机具、刀具数控库;有完整的数控柔性同步系统;有质量监测控制系统。

3) 快速经济制模技术的广泛应用

缩短产品开发周期是赢得市场竞争的有效手段之一。与传统模具加工技术相比,快速经济制模技术具有制模周期短、成本较低的特点,精度和寿命又能满足生产需求,是综合经济效益比较显著的模具制造技术。

快速原型制造(RPM)技术是集精密机械制造、计算机技术、NC 技术、激光成型技术和材料科学于一体的新技术,是当前最先进的零件及模具成型方法之一。RPM 技术可直接或间接用于模具制造,具有技术先进、成本较低、设计制造周期短、精度适中等特点。从模具的概念设计到制造完成仅为传统加工方法所需时间的 1/3 和成本的 1/4 左右。

现在是多品种、少批量生产的时代,在 21 世纪,这种生产方式占工业生产的比例将达 75%以上。一方面是制品使用周期短,品种更新快;另一方面制品的花样变化频繁,均要求模具的生产周期越快越好。因此,开发快速经济模具越来越引起人们的重视。例如,研制各种超塑性材料(环氧、聚酯等)制造(或其中填充金属粉末、玻璃纤维等)的简易模具、中、低熔点合金模具、喷涂成型模具、快速电铸模、陶瓷型精铸模、陶瓷型吸塑模、叠层模及快速原型制造模具等快速经济模具

将进一步发展。快换模架、快换凸模等也将日益发展。另外,采用计算机控制和机械手操作的快速换模装置、快速试模技术也会得到发展和提高。

4) 模具材料及表面处理技术的研究

因选材和用材不当,致使模具过早失效,大约占失效模具的 45%以上。在整个模具价格构成中,材料所占比重不大,一般为 20%~30%,因此,选用优质钢材和应用的表面处理技术来提高模具的寿命就显得十分必要。对于模具钢来说,要采用电渣重熔工艺,努力提高钢的纯净度、等向性、致密度和均匀性及研制更高性能或有特殊性能的模具钢,如采用粉末冶金工艺制造的粉末高速钢等。粉末高速钢解决了原来高速钢冶炼过程中产生的一次碳化物粗大和偏析,从而影响材质的问题。其碳化物微细,组织均匀,没有材料方向性,因此,它具有韧性高、磨削工艺性好、耐磨性高、长年使用尺寸稳定等特点,特别对形状复杂的冲件及高速冲压的模具,其优越性更加突出,是一种很有发展前途的钢材。模具钢品种规格多样化、产品精细化、制品化,尽量缩短供货时间亦是重要发展趋势。

热处理和表面处理是能否充分发挥模具钢材性能的关键环节。模具热处理的主要趋势:由渗入单一元素向多元素共渗、复合渗(如 TD 法)发展;由一般扩散向 CVD、PVD、PCVD、离子渗入、离子注入等方向发展;可采用的镀膜有 TiC、TiN、TiCN、TiAlN、CrN、Cr7C3、W2C 等,同时热处理手段由大气热处理向真空热处理发展。另外,目前对激光强化、辉光离子氮化技术及电镀、刷镀、防腐强化等技术也日益受到重视。

5) 模具研磨抛光将向自动化、智能化方向发展

模具表面的精加工是模具加工中未能很好解决的难题之一。模具表面的质量对模具使用寿命、制件外观质量等方面均有较大的影响,我国目前仍以手工研磨抛光为主,不仅效率低(约占整个模具制造周期的 1/3),且工人劳动强度大,质量不稳定,制约了我国模具加工向更高层次发展。因此,研究抛光的自动化、智能化是模具抛光的发展趋势。日本已研制了数控研磨机,可实现 3D 曲面模具研磨抛光的自动化、智能化。另外,由于模具型腔形状复杂,任何一种研磨抛光方法都有一定局限性。应发展特种研磨与抛光,如挤压研磨、电化学

抛光、超声波抛光及复合抛光工艺与装备，以提高模具表面质量。

6）模具标准件的应用将日渐广泛

使用模具标准件不但能缩短模具制造周期，而且能提高模具质量和降低模具制造成本。因此，模具标准件的应用必将日渐广泛。为此，首先要制订统一的国家标准，并严格按标准生产；其次要逐步形成规模生产，提高标准件质量、降低成本；再次是要进一步增加标准件的规格品种，发展和完善联销网，保证供货迅速。

7）压铸模、挤压模及粉末锻模比例增加

随着汽车、车辆和电机等产品向轻量化发展，压铸模的比例将不断提高，对压铸模的寿命和复杂程度也将提出越来越高的要求。同时挤压模及粉末锻模比例也将有不同程度的增加，而且精度要求也越来越高。

8）模具工业新工艺、新理念和新模式

在成型工艺方面，主要有冲压模具多功能复合化、超塑性成型、塑性精密成型技术、塑料模气体辅助注射技术及热流道技术、高压注射成型技术等。另一方面，随着先进制造技术的不断发展和模具行业整体水平的提高，在模具行业出现了一些新的设计、生产、管理理念与模式。具体主要有适应模具单件生产特点的柔性制造技术；创造最佳管理和效益的团队精神，精益生产；提高快速应变能力的并行工程、虚拟制造及全球敏捷制造、网络制造等新的生产哲理；广泛采用标准件、通用件的分工协作生产模式；适应可持续发展和环保要求的绿色设计与制造等。

目前我国模具工业的发展步伐日益加快，但在整个模具设计制造水平和标准化程度上，与德国、美国、日本的发达国家相比还存在相当大的差距。在经济全球化的新形势下，随着资本、技术和劳动力市场的重新整合，我国装备制造业将成为世界装备制造业的基地。而在现代制造业中，无论哪一行业的工程装备，都越来越多地采用由模具工业提供的产品。为了适应用户对模具制造的高精度、短交货期、低成本的迫切要求，模具工业应广泛应用现代先进制造技术来加速模具工业的技术进步，满足各行各业对模具这一基础工艺装备的迫切需求，以实现我国模具工业的跨越式发展。

附录G 国外模具的现状和发展

1. 高新技术应用于模具的设计与制造

（1）CAD/CAE/CAM 的广泛应用，显示了用信息技术带动和提升模具工业的优越性。

在欧美，CAD/CAE/CAM 已成为模具企业普遍应用的技术。在 CAD 的应用方面，已经超越了甩掉图板、二维绘图的初级阶段，目前 3D 设计已达到了 70%～89%。Pro/E、UG、CIMATRON 等软件的应用很普遍。应用这些软件不仅可完成 2D 设计，同时可获得 3D 模型，为 NC 编程和 CAD/CAM 的集成提供了保证。应用 3D 设计，还可以在设计时进行装配干涉的检查，保证设计和工艺的合理性。数控机床的普遍应用，保证了模具零件的加工精度和质量。30～50 人的模具企业，一般拥有数控机床十多台。经过数控机床加工的零件可直接进行装配，使装配钳工的人数大大减少。CAE 技术在欧美已经逐渐成熟。在注射模设计中应用 CAE 分析软件，模拟塑料的冲模过程，分析冷却过程，预测成型过程中可能发生的缺陷。在冲模设计中应用 CAE 软件，模拟金属变形过程，分析应力应变的分布，预测破裂、起皱和回弹等缺陷。CAE 技术在模具设计中的作用越来越大，意大利 COMAU 公司应用 CAE 技术后，试模时间减少了 50%以上。

（2）为了缩短制模周期、提高市场竞争力，普遍采用高速切削加工技术。

高速切削是以高切削速度、高进给速度和高加工质量为主要特征的加工技术，其加工效率比传统的切削工艺要高几倍，甚至十几倍。目前，欧美模具企业在生产中广泛应用数控高速铣，三轴联动的比较多，也有一些是五轴联动的，转数一般在 15000～30000r/min。采用高速铣削技术，可大大缩短制模时间。经高速铣削精加工后的模具型面，仅需略加抛光便可使用，节省了大量修磨、抛光的时间。欧美模具企业十分重视技术进步和设备更新。设备折旧期限一般为四五年。增加数控高速铣床，是模具企业设备投资的重点之一。

（3）快速成型技术与快速制模技术获得普遍应用。

由于市场竞争日益激烈，产品更新换代不断加快，快速成型和快速制模技术应运而生，并迅速获得普遍应用。在欧洲模具展上，快速成型技术和快速制模技术占据了十分突出的位置，有 SLA、SLS、FDM 和 LOM 等各种类型的快速成型设备，也有专门提供原型制造服务的机构和公司。

在许多模具企业中有不少是将快速成型技术和快速制模技术结合起来应用于模具制造，即利用快速原型技术制造产品零件的原型，再基于原型快速地制造出模具。许多塑料模厂家利用快速原型浇制硅橡胶模具，用于少量翻制塑料件，非常适合于产品的试制。

2. 欧美模具企业的管理经验值得借鉴

1）人员精简，"瘦"型管理

欧美模具企业大多数规模不大，员工人数超过百人的较少，所考察的模具企业人数一般都在 20～50 人。企业各类人员的配置十分精简，一专多能，一人多职，企业内部看不到闲人。精益生产、"瘦"型管理的思想得到了较好的体现。

2）采用专业化，产品定位准

欧美模具企业有自己明确的产品定位和市场定位。为了在市场竞争中求生存、求发展，每个模具厂家都有自己的优势技术和产品，并都采取专业化的生产方式。欧美大多数模具企业既有一批长期合作的模具用户，在大型模具公司周围又有一批模具生产协作厂家。这种互惠、互利、共赢、共存的合作伙伴关系，有的已持续了30～40年。

3）采用先进的管理信息系统，实现集成化管理

欧美的模具企业，特别是规模较大的模具企业，基本上实现了计算机管理。从生产计划、工艺制定，到质检、库存、统计等，普遍使用了计算机，公司内各部门可通过计算机网络共享信息。

4）工艺管理先进，标准化程度高

与国内模具厂大多采取以钳工为主或钳工包干的生产组织模式不同，欧美的模具生产厂家是靠先进的工艺设备和工艺路线确保零件精度和生产进度。每副模具均有详细的设计图，包括每个零件的详细设计，并且都制定了详细的加工工艺。

欧美模具企业的先进技术和先进管理，使其生产的大型、精密、复杂模具，对促进汽车、电子、通信、家电等产业的发展起了极其重要的作用，也给模具企业带来了良好的经济效益。美国的模具企业，人均年销售额在20万美元左右；意大利人均年销售额也在10万美元以上。与国内的模具企业相比，即使扣除价格因素的影响，欧美模具企业的生产效率也比我们高许多倍。要缩小与先进工业国家的差距，必须加快技术进步，提高CAD/CAE/CAM的应用程度，增加数控加工设备的比重，用信息技术进一步提高模具的设计制造水平。同时，要学习和借鉴国外的先进管理经验，进一步深化企业改革。目前，国内有些模具厂冲模、塑料模都做，大型、中型、小型模具都做，这样很难干好，必须走小而专、小而精、小而特的道路。同时要增强参与国际竞争的意识，加强国际经济技术合作与交流，在提高模具国产化程度的同时，进一步扩大出口，走向世界。

附录 H　模具设计师考题试卷

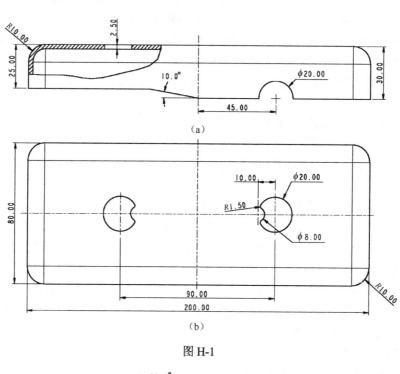

图 H-1

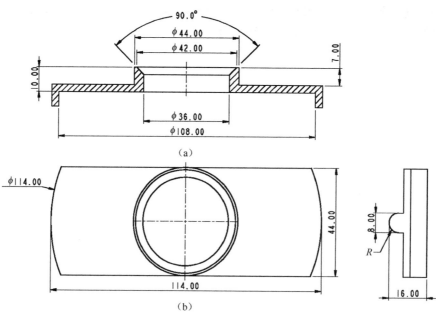

图 H-2

附录 H 模具设计师考题试卷

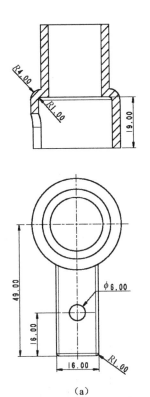

(a)

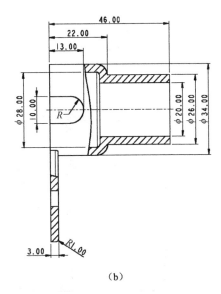

(b)

图 H-3

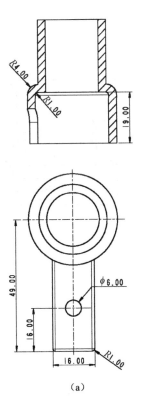

(a)

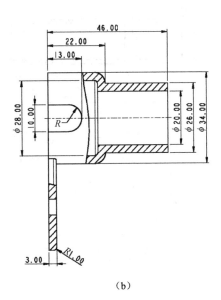

(b)

图 H-4

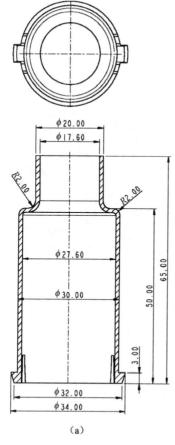

(a)

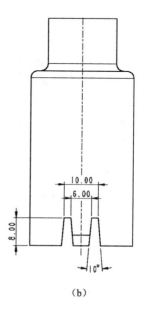

(b)

图 H-5

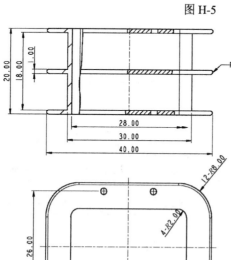

(a)

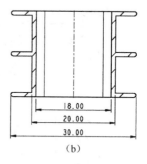

(b)

图 H-6

附录 H 模具设计师考题试卷

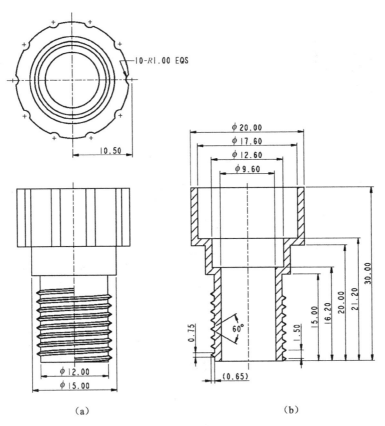

图 H-7

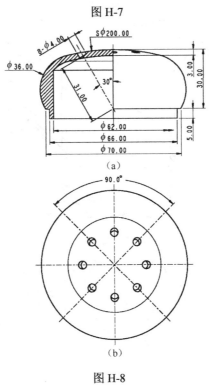

图 H-8

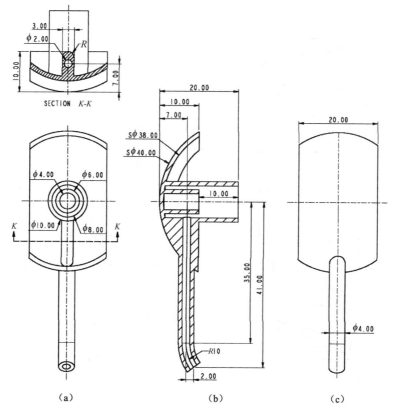

图 H-9

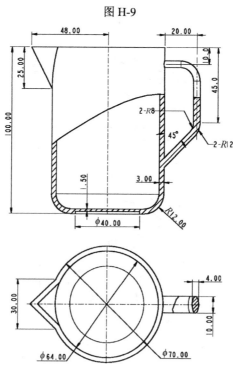

图 H-10

参考文献

[1] 覃鹏翱．图表详解塑料模具设计技巧．北京：电子工业出版社，2010．

[2] 陆宁．实用注塑模具设计．北京：中国轻工业出版社，1997．

[3] 宋满仓．注塑模具设计．北京：电子工业出版社，2010．

[4] 二代龙震工作室．Pro/MOLDESIGN Wildfire 2.0 模具设计．北京：电子工业出版社，2005．

[5] 燕秀模具论坛．百汇模具设计理念与标准．http://bbs.yxcax.com，2007-12-31．

[6] 燕秀模具论坛．模具设计培训教程．http://bbs.yxcax.com，2011-10-31．

[7] 燕秀模具论坛．荣丰模具设计标准．http://bbs.yxcax.com，2008-10-19．

[8] 燕秀模具论坛．昆山亚克设计作业标准书．http://bbs.yxcax.com，2008-3-2．

[9] 燕秀模具论坛．东菱凯琴集团模具设计标准．http://bbs.yxcax.com，2007-12-27．

[10] 燕秀模具论坛．美的模具设计标准．http://bbs.yxcax.com，2007-12-16．

[11] 燕秀模具论坛．倒勾处理的处理技巧．http://bbs.yxcax.com，2008-6-4．

[12] 百度图片．http://image.baidu.com/．

[13] 赖心秀．燕秀 2D 排位教程．

[14] 数富团队．模具设计视频教程．

[15] 野马科技．精通 AutoCAD 注塑模具结构设计．北京：清华大学出版社，2008．

[16] 李大鑫，张秀棉．模具技术现状与发展趋势综述[J]．天津大学国家大学科技园，2005，(2)．

[17] 单岩，王蓓，王刚．MOLDFLOW 模具分析技术基础．北京：清华大学出版社，2004．

后 记

早在 2006 年，我就从郑州大学橡塑模具国家工程研究中心研究生毕业，进入高校从事模具方面的教学。这几年来，除了在模具设计教学一线努力工作外，还不断深入各模厂车间，与模具业界的朋友广泛交流。这一切的缘由，没有别的，都源自于对模具技术的深深热爱。

编写这套书的最初目的，或者说是最直接的动力，是想让更多的模具初学者从中受益，不走弯路。

在多年的模具教学中，手边一直急需一套合适的模具设计教材，这套教材应该涵盖基础设计理论、3D 分模及 2D 排位、案例讲解等。内容应该循序渐进、简明易懂。但令人遗憾的是许多传统模具教材内容严重落后于工程实际，甚至一些内容介绍的方法和技术在现代模具设计制造中是早已不采用的。有些教材所涉及的方面不少，内容庞杂，无所不包，没有针对性，学生学习完后，感觉很茫然，不知从何下手等，基于这些原因，也是迫于教学的需要，笔者鼓足勇气，斗胆动笔，四年前就着手编写这套丛书，几经寒暑，期间由于种种原因，中断数次，耽误了许多时间，现在这套书终于完成了，总算了却一桩心事。这套丛书不是什么理论巨著，也非名家所为，但是它实实在在地讲了一些基础性的东西，而且独有一套完整的模具学习理论体系和操作方法，使得初学者有章可循，有道可走。

目前，模具 CAD/CAE/CAM 技术的发展是日新月异，模具设计的方法也是不断更新变化，我想尽量展现目前模具设计的实际情况，但限于理论水平与实践经验均十分有限，虽勉力为之，但错误之处难以避免，敬请广大读者提出宝贵意见。

王静